Gunter Zemke

Lineare Optimierung

Lineare Programmierung

Friedr. Vieweg + Sohn · Braunschweig

Prof. *Gunter Zemke*
ist Dozent an der Fachhochschule für Wirtschaft, Berlin

Verlagsredaktion: *Alfred Schubert*

ISBN-13: 978-3-528-09612-0 e-ISBN-13: 978-3-322-88788-7
DOI: 10.1007/978-3-322-88788-7

1971

Satz: Composerstudio Friedr. Vieweg + Sohn

Vorwort

Schon seit Entwicklungsbeginn der elektronischen Rechner besteht eine Symbiose zwischen der ADV-Technik und dem Operations Research.

Bei den Operations Research-Techniken nahm die lineare Programmierung lange eine derart zentrale Stellung ein, daß nur zu häufig Operations Research und Linear-Programming als Synonyme gebraucht wurden.

Diese Sündenfälle der „Gründerzeit" sind vergessen. Vergessen ist mit ihnen der Glaube, daß es sich bei der linearen Programmierung um eine geheimnisumwobene Wunderwaffe handelt. Es ist nun ein Stadium der sachlichen Konsolidierung erreicht. Die Algorithmen des L. P. werden im Hinblick auf die effizientere Handhabung von Problemen größeren Ausmaßes weiterentwickelt. Ein weites Spektrum von Anwendungen ist erschlossen. Eine immer größer werdende Zahl von Technikern und Wirtschaftswissenschaftlern kann nicht umhin, sich eingehend mit den Techniken der linearen Programmierung zu befassen.

Eine solche intime Kenntnis der Verfahren ist notwendig, wenn man die eigenen spezifischen Problemstellungen durch neuartige Anwendungen der linearen Planungsrechnung lösen will. Ebenso kann man auch dann nicht die linearen Programmierungsalgorithmen als einen „schwarzen Kasten" ansehen, wenn man gezwungen ist, ein sehr großes L. P.-Problem durch geeignete Dekomposition in eine Form zu bringen, die die numerische Lösung auf einer ADV-Anlage gestattet. Des weiteren ist die Kenntnis der Verfahren auch für die sachgemäße Beurteilung und Interpretation der Ergebnisse von linearen Planungsrechnungen erforderlich.

Eine Fülle von Literatur steht demjenigen zur Verfügung, der sich mit Linear-Programming befassen will. Aber nur wenige Veröffentlichungen führen von einer Einführung in sehr gründlicher und systematischer Darstellung bis hin zu einer Diskussion der fortgeschrittenen Techniken, ohne die die praktische Anwendung der linearen Programmierung undenkbar ist.

Dieses Buch stellt nun einen derartigen Versuch dar: – Es will auch den Leser, der ohne Vorkenntnisse in der linearen Planungsrechnung ist, in die Lage versetzen, die verschiedenen Algorithmen des L. P. von Grund auf zu verstehen und souverain mit ihnen zu arbeiten. Daß dieses Buch somit Anforderungen an den Leser stellen muß, resultiert unmittelbar aus seiner Aufgabenstellung. Aber dank der konsequenten und systematischen Darstellungweise wird das Durcharbeiten dieses Buches den Leser in die Lage versetzen, selbständig L. P.-Probleme zu formulieren, den effizientesten Lösungsweg ausfindig zu machen und die Ergebnisse zu interpretieren.

Nicht nur den Studierenden, sondern auch den Verantwortlichen in der beruflichen Praxis wünschen wir mit diesem Buch viel Erfolg.

Dortmund, im März 1971 Die Herausgeber

Inhaltsverzeichnis

1. Matrizen

1.1. Multiplikation und Addition von Matrizen

Die ausführliche Schreibweise eines Systems von m linearen Gleichungen mit n Unbekannten

$$\begin{aligned} a_{11}\,x_1 + a_{12}\,x_2 + \ldots + a_{1n}x_n &= b_1 \\ a_{21}\,x_1 + a_{22}\,x_2 + \ldots + a_{2n}x_n &= b_2 \\ \ldots\ldots\ldots\ldots\ldots & \\ a_{m1}\,x_1 + a_{m2}\,x_2 + \ldots + a_{mn}x_n &= b_m \end{aligned} \tag{1.1}$$

ist oft viel zu zeitraubend. Eine wesentlich einfachere Darstellung von (1.1) gelingt uns folgendermaßen. Wir schreiben die Koeffizienten der Unbekannten in (1.1) in ein rechteckiges Schema, das wir Matrix nennen.

$$A = \begin{pmatrix} a_{11} & a_{12} & \cdots & a_{1n} \\ a_{21} & a_{22} & \cdots & a_{2n} \\ \cdot & & & \cdot \\ \cdot & & & \cdot \\ a_{m1} & a_{m2} & \cdots & a_{mn} \end{pmatrix}$$

A heißt eine m,n Matrix (m Zeilen, n Spalten). Eine nur aus einer Spalte oder nur aus einer Zeile bestehende Matrix bezeichnen wir als Vektor.

$$x = \begin{pmatrix} x_1 \\ x_2 \\ \cdot \\ \cdot \\ \cdot \\ x_n \end{pmatrix} ; x' = (x_1, x_2, \ldots, x_n)$$

Dabei ist x ein Spaltenvektor und x′ ein Zeilenvektor.

Definition: Zwei Matrizen

$$A = \begin{pmatrix} a_{11} & \ldots & a_{1n} \\ \cdot & & \cdot \\ \cdot & & \cdot \\ \cdot & & \cdot \\ a_{m1} & \ldots & a_{mn} \end{pmatrix} \text{ und } \quad B = \begin{pmatrix} b_{11} & \ldots & b_{1n} \\ \cdot & & \cdot \\ \cdot & & \cdot \\ \cdot & & \cdot \\ b_{m1} & \ldots & b_{mn} \end{pmatrix}$$

sind einander gleich, wenn jedes Element von A mit dem entsprechenden von B übereinstimmt, d.h., falls $a_{ik} = b_{ik}$ für alle $i = 1, 2, \ldots, m$ und $k = 1, 2, \ldots, n$ gilt.

Zwei gleiche Matrizen müssen demnach sowohl die gleiche Zeilenzahl als auch die gleiche Spaltenzahl besitzen.

Um nun das System (1.1) kürzer darzustellen, müssen wir die Definition der Multiplikation der Matrix A mit dem Vektor x so wählen, daß die linken Seiten in (1.1) Elemente des Ergebnisvektors werden.

Definition:

$$Ax = \begin{pmatrix} a_{11} & a_{12} & \cdots & a_{1n} \\ \vdots & & & \vdots \\ a_{m1} & a_{m2} & \cdots & a_{mn} \end{pmatrix} \begin{pmatrix} x_1 \\ x_2 \\ \vdots \\ x_n \end{pmatrix} = \begin{pmatrix} a_{11}\,x_1 + a_{12}\,x_2 + \ldots + a_{1n}\,x_n \\ \vdots \\ a_{m1}\,x_1 + a_{m2}\,x_2 + \ldots + a_{mn}\,x_n \end{pmatrix}$$

Die rechte Matrix besteht aus einer Spalte und m Zeilen. Das i-te Element des Ergebnisvektors erhalten wir als Summe der Produkte, die sich durch Multiplikation der Elemente der i-ten Zeile von A mit den entsprechenden Elementen von x ergeben. Wir sehen, daß eine so erklärte Multiplikation nur dann möglich ist, wenn die Spaltenzahl von A mit der Zeilenzahl von x übereinstimmt. (m,n Matrix · n,1 Matrix $\hat{=}$ m,1 Matrix). Jetzt läßt sich (1.1) in der Form

$$Ax = b$$

schreiben.

Ein Beispiel führt uns leicht zur Additionsdefinition zweier Matrizen.

$$\begin{array}{l} a_{11}\,x_1 + \ldots + a_{1n}\,x_n = c_1 \\ a_{21}\,x_1 + \ldots + a_{2n}\,x_n = c_2 \\ \cdot\;\cdot\;\cdot\;\cdot\;\cdot\;\cdot\;\cdot \\ a_{m1}\,x_1 + \ldots + a_{mn}\,x_n = c_m \end{array} \tag{1.2}$$

$$\begin{array}{l} b_{11}\,x_1 + \ldots + b_{1n}\,x_n = d_1 \\ b_{21}\,x_1 + \ldots + b_{2n}\,x_n = d_2 \\ \cdot\;\cdot\;\cdot\;\cdot\;\cdot\;\cdot\;\cdot \\ b_{m1}\,x_1 + \ldots + b_{mn}\,x_n = d_m \end{array} \tag{1.3}$$

Addieren wir die Gleichungssysteme (1.2) und (1.3) zeilenweise, so erhalten wir

$$\begin{array}{l} (a_{11} + b_{11})\,x_1 + \ldots + (a_{1n} + b_{1n})x_n = c_1 + d_1 \\ (a_{21} + b_{21})\,x_1 + \ldots + (a_{2n} + b_{2n})x_n = c_2 + d_2 \\ \cdot\;\cdot\;\cdot\;\cdot\;\cdot\;\cdot\;\cdot\;\cdot\;\cdot\;\cdot\;\cdot\;\cdot\;\cdot\;\cdot \\ (a_{m1} + b_{m1})\,x_1 + \ldots + (a_{mn} + b_{mn})\,x_n = c_m + d_m \;. \end{array} \tag{1.4}$$

Aus diesen drei Systemen erkennen wir die Zweckmäßigkeit der Definition:

$$\begin{pmatrix} a_{11} & \cdots & a_{1n} \\ a_{21} & \cdots & a_{2n} \\ \cdot & \cdot & \cdot \\ a_{m1} & \cdots & a_{mn} \end{pmatrix} + \begin{pmatrix} b_{11} & \cdots & b_{1n} \\ b_{21} & \cdots & b_{2n} \\ \cdot & \cdot & \cdot \\ b_{m1} & \cdots & b_{mn} \end{pmatrix} = \begin{pmatrix} a_{11} + b_{11} & \cdots & a_{1n} + b_{1n} \\ a_{21} + b_{21} & \cdots & a_{2n} + b_{2n} \\ \cdot & \cdot & \cdot \\ a_{m1} + b_{m1} & \cdots & a_{mn} + b_{mn} \end{pmatrix}$$

Analog begründen wir die Nützlichkeit der Definition:

$$\begin{pmatrix} a_{11} \cdots a_{1n} \\ a_{21} \cdots a_{2n} \\ \cdot \quad \cdot \quad \cdot \\ a_{m1} \cdots a_{mn} \end{pmatrix} - \begin{pmatrix} b_{11} \cdots b_{1n} \\ b_{21} \cdots b_{2n} \\ \cdot \quad \cdot \quad \cdot \quad \cdot \\ b_{m1} \cdots b_{mn} \end{pmatrix} = \begin{pmatrix} a_{11} - b_{11} \cdots a_{1n} - b_{1n} \\ a_{21} - b_{21} \cdots a_{2n} - b_{2n} \\ \cdot \quad \cdot \quad \cdot \quad \cdot \quad \cdot \quad \cdot \\ a_{m1} - b_{m1} \cdots a_{mn} - b_{mn} \end{pmatrix}$$

Zwei m,n Matrizen werden also addiert bzw. subtrahiert, indem man die entsprechenden Elemente a_{ik} und b_{ik} addiert bzw. subtrahiert. Daraus folgt unmittelbar die Gültigkeit des nachstehenden Satzes:

Satz 1.1: Für die Addition von Matrizen gelten das kommutative Gesetz

$$A + B = B + A$$

und das assoziative Gesetz

$$A + (B + C) = (A + B) + C.$$

Wir betrachten nun das Gleichungssystem

$$\begin{aligned} a_{11}\, x_1 + a_{12}\, x_2 + \ldots + a_{1n}\, x_n &= d_1 \\ a_{21}\, x_1 + a_{22}\, x_2 + \ldots + a_{2n}\, x_n &= d_2 \\ \cdot \quad \cdot \quad \cdot \quad \cdot \quad \cdot \quad \cdot \quad \cdot \quad \cdot \quad \cdot \quad \cdot \\ a_{m1}\, x_1 + a_{m2}\, x_2 + \ldots + a_{mn}\, x_n &= d_m \end{aligned} \tag{1.5}$$

mit

$$\begin{aligned} x_1 &= b_{11}\, y_1 + \ldots + b_{1l} y_l \\ x_2 &= b_{21}\, y_1 + \ldots + b_{2l} y_l \\ \cdot \quad \cdot \quad \cdot \quad \cdot \quad \cdot \quad \cdot \quad \cdot \\ x_n &= b_{n1} y_1 + \ldots + b_{nl} y_l \end{aligned} \tag{1.6}$$

Setzen wir jetzt (1.6) in (1.5) ein und ordnen gleichzeitig nach den Unbekannten $y_1, y_2, \ldots, y_l$, so finden wir

$$\begin{aligned} (a_{11}\, b_{11} + a_{12}\, b_{21} + \ldots + a_{1n} b_{n1}) y_1 + \ldots + (a_{11}\, b_{1l} + a_{12}\, b_{2l} + \ldots + a_{1n} b_{nl}) y_l &= d_1 \\ (a_{21}\, b_{11} + a_{22}\, b_{21} + \ldots + a_{2n} b_{n1}) y_1 + \ldots + (a_{21}\, b_{1l} + a_{22}\, b_{2l} + \ldots + a_{2n} b_{nl}) y_l &= d_2 \\ \cdot \quad \cdot \quad \cdot \quad \cdot \quad \cdot \quad \cdot \quad \cdot \quad \cdot \quad \cdot \quad \cdot \quad \cdot \quad \cdot \\ (a_{m1}\, b_{11} + a_{m2} b_{21} + \ldots + a_{mn} b_{n1}) y_1 + \ldots + (a_{m1}\, b_{1l} + a_{m2} b_{2l} + \ldots + a_{mn} b_{nl}) y_l &= d_m \end{aligned} \tag{1.7}$$

In Matrizenschreibweise lauten die Systeme (1.5), (1.6) und (1.7):

$$A\,x = d \quad (1.5), \qquad x = By \quad (1.6), \qquad Cy = d \quad (1.7)\ .$$

Formal ergibt sich aus (1.5) und (1.6)

$$ABy = d,$$

was nach (1.7) nur möglich ist, wenn

$$AB = C \qquad \text{wird.}$$

Wir können aber nur dann (1.6) in (1.5) einsetzen, wenn (1.6) so viele Gleichungen aufweist, wie (1.5) Unbekannte besitzt. Das bedeutet, daß die Spaltenzahl von A mit der Zeilenzahl von B übereinstimmen muß. Die Matrix AB hat dann die gleiche Zeilenzahl wie A und die gleiche Spaltenzahl wie B (vgl. (1.7)).

Definition: Man multipliziert eine m,n Matrix von rechts mit einer n, l Matrix in folgender Weise:

$$\begin{pmatrix} a_{11} & \dots & a_{1n} \\ \cdot & & \cdot \\ \cdot & & \cdot \\ \cdot & & \cdot \\ a_{m1} & \dots & a_{mn} \end{pmatrix} \begin{pmatrix} b_{11} & \dots & b_{1l} \\ \cdot & & \cdot \\ \cdot & & \cdot \\ \cdot & & \cdot \\ b_{n1} & \dots & b_{nl} \end{pmatrix} = \begin{pmatrix} \sum_{\nu=1}^{n} a_{1\nu} b_{\nu 1} & \dots & \sum_{\nu=1}^{n} a_{1\nu} b_{\nu l} \\ \cdot & & \cdot \\ \cdot & & \cdot \\ \cdot & & \cdot \\ \sum_{\nu=1}^{n} a_{m\nu} b_{\nu 1} & \dots & \sum_{\nu=1}^{n} a_{m\nu} b_{\nu l} \end{pmatrix}$$

m,n Matrix n, l Matrix m, l Matrix

In der Matrix AB = C erhalten wir das in der i-ten Zeile und k-ten Spalte stehende Element, indem wir die Elemente der i-ten Zeile von A mit den entsprechenden Elementen der k-ten Spalte von B multiplizieren und die Produkte addieren.

$$c_{ik} = \sum_{\nu=1}^{n} a_{i\nu} b_{\nu k}$$

Die frühere Erklärung der Multiplikation einer Matrix mit einem Vektor erweist sich als ein Spezialfall der letzten Definition.

Beispiel:

$$\begin{pmatrix} 2 & 1 & 0 \\ 1 & 2 & 1 \end{pmatrix} \begin{pmatrix} 1 & 3 & 1 \\ 2 & 0 & -1 \\ 0 & 1 & 2 \end{pmatrix} = \begin{pmatrix} (2\cdot1+1\cdot2+0\cdot0) & (2\cdot3+1\cdot0+0\cdot1) & (2\cdot1+1[-1]+0\cdot2) \\ (1\cdot1+2\cdot2+1\cdot0) & (1\cdot3+2\cdot0+1\cdot1) & (1\cdot1+2[-1]+1\cdot2) \end{pmatrix}$$

$$= \begin{pmatrix} 4 & 6 & 1 \\ 5 & 4 & 1 \end{pmatrix}$$

Wir sehen an dieser Aufgabe, daß das Kommutativgesetz der Multiplikation nicht gilt, da eine 3,3 Matrix nicht von rechts mit einer 2,3 Matrix multipliziert werden darf. Wie das folgende Beispiel zeigt, gilt das Gesetz auch nicht für quadratische Matrizen.

$$\begin{pmatrix} 2 & -1 \\ 1 & 1 \end{pmatrix} \begin{pmatrix} 1 & 2 \\ -1 & -1 \end{pmatrix} = \begin{pmatrix} 3 & 5 \\ 0 & 1 \end{pmatrix}$$

$$\begin{pmatrix} 1 & 2 \\ -1 & -1 \end{pmatrix} \begin{pmatrix} 2 & -1 \\ 1 & 1 \end{pmatrix} \begin{pmatrix} 4 & 1 \\ -3 & 0 \end{pmatrix}$$

Satz 1.2: Für die Multiplikation von Matrizen gilt das Kommutativgesetz nicht, d. h., es wird im allgemeinen

$AB \neq BA$ sein.

Eine weitere Aufgabe läßt uns einen neuen Satz erkennen.

$$\left[\begin{pmatrix} 2 & -1 \\ 1 & 1 \end{pmatrix}\begin{pmatrix} 1 & 2 \\ -1 & -1 \end{pmatrix}\right]\begin{pmatrix} 1 & -1 \\ 1 & 1 \end{pmatrix} = \begin{pmatrix} 3 & 5 \\ 0 & 1 \end{pmatrix}\begin{pmatrix} 1 & -1 \\ 1 & 1 \end{pmatrix} = \begin{pmatrix} 8 & 2 \\ 1 & 1 \end{pmatrix}$$

$$\begin{pmatrix} 2 & -1 \\ 1 & 1 \end{pmatrix}\left[\begin{pmatrix} 1 & 2 \\ -1 & -1 \end{pmatrix}\begin{pmatrix} 1 & -1 \\ 1 & 1 \end{pmatrix}\right] = \begin{pmatrix} 2 & -1 \\ 1 & 1 \end{pmatrix}\begin{pmatrix} 3 & 1 \\ -2 & 0 \end{pmatrix} = \begin{pmatrix} 8 & 2 \\ 1 & 1 \end{pmatrix}$$

Satz 1.3: Für die Matrizenmultiplikation gilt das assoziative Gesetz.

Beweis: A sei eine n, m Matrix, B eine m, l Matrix und C eine l, r Matrix. Setzen wir $(AB)C = D$ und $A(BC) = D^*$, so zeigen wir, daß die in der i-ten Zeile und k-ten Spalte in D und D^* stehenden Elemente identisch sind. Dabei können $i = 1, \ldots, n$ und $k = 1, \ldots, r$ sein. $(AB)_{ij}$ soll das in AB in der i-ten Zeile und j-ten Spalte auftretende Element sein. Dann gilt:

$$(AB)_{ij} = a_{i1} b_{1j} + a_{i2} b_{2j} + \ldots + a_{im} b_{mj}$$

$$d_{ik} = \sum_{j=1}^{l} (AB)_{ij} c_{jk} = \sum_{j=1}^{l} (a_{i1} b_{1j} + a_{i2} b_{2j} + \ldots + a_{im} b_{mj}) c_{jk} =$$

$$= (a_{i1} b_{11} c_{1k} + a_{i2} b_{21} c_{1k} + \ldots + a_{im} b_{m1} c_{1k}) + \ldots + (a_{i1} b_{1l} c_{lk} + \ldots +$$

$$+ a_{im} b_{ml} c_{lk}) = \sum_{p=1}^{m} a_{ip} b_{p1} c_{1k} + \ldots + \sum_{p=1}^{m} a_{ip} b_{pl} c_{lk} \quad .$$

$$(BC)_{pk} = b_{p1} c_{1k} + b_{p2} c_{2k} + \ldots + b_{pl} c_{lk}$$

$$d_{ik}^* = \sum_{p=1}^{m} a_{ip} (BC)_{pk} = \sum_{p=1}^{m} a_{ip} (b_{p1} c_{1k} + b_{p2} c_{2k} + \ldots + b_{pl} c_{lk}) =$$

$$= \sum_{p=1}^{m} a_{ip} b_{p1} c_{1k} + \ldots + \sum_{p=1}^{m} a_{ip} b_{pl} c_{lk}$$

Daraus folgt $d_{ik} = d_{ik}^*$ und der Satz 1.3 ist bewiesen.

Satz 1.4: Bei der Verknüpfung der Addition mit der Multiplikation gelten die distributiven Gesetze

$$A(B + C) = AB + AC$$
$$(B + C)A = BA + CA \quad .$$

Beweis: Es sei $d_{ik} = b_{ik} + c_{ik}$. Dann wird

$$\sum_{l=1}^{n} a_{il} d_{lk} = \sum_{l=1}^{n} a_{il} b_{lk} + \sum_{l=1}^{n} a_{il} c_{lk},$$

was zu zeigen war.

Entsprechend ist

$$\sum_{l=1}^{n} d_{il} a_{lk} = \sum_{l=1}^{n} b_{il} a_{lk} + \sum_{l=1}^{n} c_{il} a_{lk} \quad .$$

1.2. Multiplikation einer Matrix mit einer Zahl; die transponierte Matrix; die Einheitsmatrix

Wir multiplizieren nun (1.1) zeilenweise mit der Zahl λ.

$$\lambda\, a_{11}\, x_1 + \lambda\, a_{12}\, x_2 + \ldots + \lambda\, a_{1n}\, x_n = \lambda\, b_1$$
$$\lambda\, a_{21}\, x_1 + \lambda\, a_{22}\, x_2 + \ldots + \lambda\, a_{2n}\, x_n = \lambda\, b_2$$
$$\cdot \quad \cdot \quad \cdot \quad \cdot \quad \cdot \quad \cdot \quad \cdot$$
$$\lambda\, a_{m1}\, x_1 + \lambda\, a_{m2}\, x_2 + \ldots + \lambda\, a_{mn}\, x_n = \lambda\, b_m$$

Die aus den Koeffizienten der Unbekannten gebildete Matrix nennen wir λA. Das führt zur Definition:

Definition: Eine Matrix A wird mit der Zahl λ multipliziert, indem jedes Element von A mit λ multipliziert wird.

$$A\lambda = \lambda A = \lambda \begin{pmatrix} a_{11} & \ldots & a_{1n} \\ \vdots & & \vdots \\ a_{m1} & \ldots & a_{mn} \end{pmatrix} = \begin{pmatrix} \lambda\, a_{11} & \ldots & \lambda\, a_{1n} \\ \vdots & & \vdots \\ \lambda\, a_{m1} & \ldots & \lambda\, a_{mn} \end{pmatrix}$$

Definition: A' heißt die zu A transponierte Matrix. Sie entsteht aus A durch Vertauschen von Zeilen mit den Spalten.

$$A = \begin{pmatrix} a_{11} & \ldots & a_{1n} \\ a_{21} & \ldots & a_{2n} \\ \vdots & & \vdots \\ a_{m1} & \ldots & a_{mn} \end{pmatrix}, \quad A' = \begin{pmatrix} a_{11} & a_{21} & \ldots & a_{m1} \\ \vdots & & & \vdots \\ a_{1n} & a_{2n} & \ldots & a_{mn} \end{pmatrix}$$

Beispiel:

$$A = \begin{pmatrix} 1 & 0 \\ 1 & 2 \\ 1 & -1 \end{pmatrix}, B = \begin{pmatrix} 1 & 0 \\ -2 & 1 \end{pmatrix}, \quad AB = \begin{pmatrix} 1 & 0 \\ -3 & 2 \\ 3 & -1 \end{pmatrix}$$

$$A' = \begin{pmatrix} 1 & 1 & 1 \\ 0 & 2 & -1 \end{pmatrix}, (AB)' = \begin{pmatrix} 1 & -3 & 3 \\ 0 & 2 & -1 \end{pmatrix}, B' = \begin{pmatrix} 1 & -2 \\ 0 & 1 \end{pmatrix}, B'A' = \begin{pmatrix} 1 & -3 & 3 \\ 0 & 2 & -1 \end{pmatrix}$$

Diese Übung veranschaulicht den

Satz 2.1: Die transponierte Matrix des Produktes zweier Matrizen ist gleich dem Produkt der transponierten Matrizen der einzelnen Faktoren in umgekehrter Reihenfolge.

$(AB)' = B'A'$

Beweis:

$$AB = C, (AB)' = C', \quad c_{ik} = \sum_{\nu=1}^{n} a_{i\nu} b_{\nu k},$$

$$c'_{ik} = c_{ki} = \sum_{\nu=1}^{n} a_{k\nu} b_{\nu i}, \quad B' = (b_{ki}), \quad A' = (a_{ki}),$$

$$(B'A')_{ik} = \sum_{\nu=1}^{n} b_{\nu i} a_{k\nu}.$$

Damit ist der Satz 2.1 bewiesen.

Definition: Die quadratische Matrix

$$E = \begin{pmatrix} 1 & 0 & \cdots & 0 \\ 0 & 1 & \ddots & \vdots \\ \vdots & \ddots & \ddots & 0 \\ 0 & \cdots & 0 & 1 \end{pmatrix}$$ heißt Einheitsmatrix.

Es gilt nämlich $AE = EA = A$.

1.3. Lineare Abhängigkeit bzw. Unabhängigkeit von Vektoren

Wir wollen $a' = (a_1, a_2, \ldots, a_n)$ als einen n-dimensionalen Vektor bezeichnen. Für die weiteren Betrachtungen erweisen sich zwei Erklärungen als sehr nützlich.

Definition: r n-dimensionale Vektoren

heißen linear abhängig, wenn sich r reelle Zahlen $t_1, t_2, \ldots, t_r$ angeben lassen, die nicht sämtlich Null sind, so daß

$t_1 a_1 + t_2 a_2 + \ldots + t_r a_r = 0$ ist.

Hierbei sind

$$a_i = \begin{pmatrix} a_{1i} \\ a_{2i} \\ \vdots \\ a_{mi} \end{pmatrix} \text{ und } 0 = \begin{pmatrix} 0 \\ 0 \\ \vdots \\ 0 \end{pmatrix} \qquad [0 \text{ heißt Nullvektor}] \quad .$$

Beispiel: Die fünfdimensionalen Vektoren a_1, a_2, a_3 und a_4 sind linear abhängig.

$a_1' = (2, 1, 0, 3, 1)$, $a_2' = (3, 2, 2, 4, 2)$, $a_3' = (5, 4, 6, 6, 4)$,
$a_4' = (2, 1, 0, 7, 6)$.

Beweis:

$$2\begin{pmatrix} 2 \\ 1 \\ 0 \\ 3 \\ 1 \end{pmatrix} -3\begin{pmatrix} 3 \\ 2 \\ 2 \\ 4 \\ 2 \end{pmatrix} +1\begin{pmatrix} 5 \\ 4 \\ 6 \\ 6 \\ 4 \end{pmatrix} +0\begin{pmatrix} 2 \\ 1 \\ 0 \\ 7 \\ 6 \end{pmatrix} = \begin{pmatrix} 0 \\ 0 \\ 0 \\ 0 \\ 0 \end{pmatrix}$$

Definition: r n-dimensionale Vektoren heißen linear unabhängig, wenn aus dem Ansatz

$$t_1 a_1 + t_2 a_2 + \ldots + t_r a_r = 0$$

folgt, daß $t_1 = t_2 = \ldots = t_r = 0$ ist.

Beispiel: Die fünfdimensionalen Einheitsvektoren $e_1, e_2, \ldots, e_5$ sind linear unabhängig.

$$e_1 = \begin{pmatrix} 1 \\ 0 \\ 0 \\ 0 \\ 0 \end{pmatrix}, \; e_2 = \begin{pmatrix} 0 \\ 1 \\ 0 \\ 0 \\ 0 \end{pmatrix}, \; e_3 = \begin{pmatrix} 0 \\ 0 \\ 1 \\ 0 \\ 0 \end{pmatrix}, \; e_4 = \begin{pmatrix} 0 \\ 0 \\ 0 \\ 1 \\ 0 \end{pmatrix}, \; e_5 = \begin{pmatrix} 0 \\ 0 \\ 0 \\ 0 \\ 1 \end{pmatrix}$$

Beweis: Aus $t_1 e_1 + t_2 e_2 + \ldots + t_5 e_5 = \begin{pmatrix} t_1 \\ t_2 \\ \vdots \\ t_5 \end{pmatrix} = 0$ ergibt

sich $t_1 = t_2 = \ldots = t_5 = 0$.

Falls sich unter r n-dimensionalen Vektoren der Nullvektor befindet, sind diese linear abhängig. Ist nämlich $a_i = 0$, so brauchen wir nur $t_1 = \ldots = t_{i-1} = t_{i+1} = \ldots = t_r = 0$ und $t_i \neq 0$ zu wählen und erhalten $t_1 a_1 + \ldots + t_r a_r = 0$.

Satz 3.1: Sind die Vektoren $a_1, a_2, \ldots, a_r$ linear abhängig, so sind es auch die Vektoren

$$a_1, a_2, \ldots, a_r, a_{r+1}, \ldots, a_{r+s} \, .$$

Beweis: Nach Voraussetzung gibt es Zahlen $(t_1, \ldots, t_r) \neq (0, \ldots, 0)$ derart, daß $t_1 a_1 + \ldots + t_r a_r = 0$ ist. Mit $t_{r+1} = \ldots = t_{r+s} = 0$ gilt auch $t_1 a_1 + \ldots + t_r a_r + t_{r+1} a_{r+1} + \ldots + t_{r+s} a_{r+s} = 0$, wobei $(t_1, \ldots, t_r, 0, \ldots, 0) \neq (0, \ldots, 0, 0, \ldots, 0)$ ist.

Satz 3.2: Sind die Vektoren $a_1, \ldots, a_r$ linear unabhängig, so sind es auch die Vektoren $a_1, \ldots, a_p$ mit $p < r$.

Beweis: Wären $a_1, \ldots, a_p$ linear abhängig, müßten nach dem Satz 3.1 auch $a_1, \ldots, a_r$ linear abhängig sein.

Satz 3.3: Sind $a_1, \ldots, a_r$ linear unabhängig, aber $a_1, \ldots, a_r, a_{r+1}$ linear abhängig, dann läßt sich a_{r+1} als Linearkombination[1] der Vektoren $a_1, \ldots, a_r$ darstellen.

Beweis: Aus

$$t_1 a_1 + t_2 a_2 + \ldots + t_r a_r + t_{r+1} a_{r+1} = 0$$

folgt $t_{r+1} \neq 0$. Wäre $t_{r+1} = 0$, müßten $a_1, \ldots, a_r$ bereits linear abhängig sein, was nach Voraussetzung nicht der Fall sein sollte. Andererseits können nicht alle Faktoren t_i Null sein, da $a_1, \ldots, a_{r+1}$ linear abhängig sind. Damit wird

$$a_{r+1} = -\frac{t_1}{t_{r+1}} a_1 - \ldots - \frac{t_r}{t_{r+1}} a_r \text{, was zu zeigen war.}$$

1.4. Definition und Bestimmung des Ranges einer Matrix; der Rang eines Matrizenproduktes

In diesem Abschnitt wollen wir nun ein Verfahren kennenlernen, das uns gestattet, elegant die Maximalzahl linear unabhängiger Spaltenvektoren bzw. linear unabhängiger Zeilenvektoren einer gegebenen m, n Matrix zu bestimmen.

$$A = \begin{pmatrix} a_{11} & \cdots & a_{1n} \\ \vdots & & \vdots \\ a_{m1} & \cdots & a_{mn} \end{pmatrix} = (a_1, \ldots, a_n) \quad \text{mit } a_i = \begin{pmatrix} a_{1i} \\ a_{2i} \\ \vdots \\ a_{mi} \end{pmatrix}$$

Definition: Die Maximalzahl linear unabhängiger Spaltevektoren einer Matrix A heißt Spaltenrang von A. Ensprechend nennen wir die Maximalzahl linear unabhäniger Zeilenvektoren der Matrix A den Zeilenrang von A.

---

[1] Sind $a_1, \ldots, a_k$ n-dimensionale Vektoren und $t_1, \ldots, t_k$ irgendwelche reellen Zahlen, so heißt $t_1 a_1 + \ldots + t_k a_k$ eine Linearkombination der Vektoren $a_1, \ldots, a_k$.

Wir werden zur Bestimmung des Spaltenranges r eine Reihe von Umformungen mit der Matrix A vornehmen, die zwar deren Spaltenvektoren ändern, die Maximalzahl linear unabhängiger Spaltenvektoren aber gleich lassen. Es handelt sich um folgende Veränderungen von A:

a) Multiplikation eines Spaltenvektors mit einer beliebigen Zahl $c \neq 0$.
b) Addition der Elemente eines mit einer Zahl c multiplizierten Spaltenvektors zu den entsprechenden Elementen eines anderen Spaltenvektors.
c) Multiplikation eines Zeilenvektors mit einer beliebigen Zahl $c \neq 0$.
d) Addition der Elemente eines mit einer Zahl c multiplizierten Zeilenvektors zu den entsprechenden Elementen eines anderen Zeilenvektors.

Wir beweisen zunächst, daß sich die Maximalzahl linear unabhängiger Spaltenvektoren bei Anwendung der Umformungen a bis d nicht vergrößern kann. Der Spaltenrang der Matrix A sei r, d. h., es gibt in A r linear unabhängige Spaltenvektoren, aber mehr als r Vektoren sind stets linear abhängig. Wir betrachten zu diesem Zweck $r + 1$ Spaltenvektoren.

$$a_{i_1}, a_{i_2}, \ldots, a_{i_r}, a_{i_{r+1}} \tag{4.1}$$

Da diese Vektoren linear abhängig sind, existieren reelle Zahlen $t_1, \ldots, t_{r+1}$, die nicht alle Null sind, so daß

$$t_1 a_{i_1} + \ldots + t_{r+1} a_{i_{r+1}} = 0 \qquad \text{gilt.} \tag{4.2}$$

a) Wir multiplizieren den Spaltenvektor a_j mit $c \neq 0$. Wenn der Vektor a_j nicht unter den Vektoren (4.1) ist, bleiben diese weiterhin linear abhängig. Nun sei $a_j = a_{i_1}$. Dann geht (4.2) über in

$$\frac{t_1}{c}(ca_{i_1}) + \ldots + t_{r+1} a_{i_{r+1}} = 0 \ .$$

Die Vektoren $ca_{i_1}, a_{i_2}, \ldots, a_{i_{r+1}}$ bleiben demnach linear abhängig.

b) Wir ersetzen in A den Vektor a_k durch $a_k + ca_l$ mit $k \neq l$. Tritt der Vektor a_k nicht unter den in (4.1) aufgezählten Vektoren auf, bleiben diese bestimmt linear abhängig. Es sei jetzt $a_k = a_{i_1}$. Dann tritt in (4.1) an die Stelle von a_{i_1} nach der Umformung $a_k + ca_l$. Für den Fall, daß bereits die Vektoren $a_{i_2}, \ldots, a_{i_{r+1}}$ linear abhängig sind, gilt das gleiche auch für $a_k + ca_l, a_{i_2}, \ldots, a_{i_{r+1}}$. Nun seien $a_{i_2}, \ldots, a_{i_{r+1}}$ linear unabhängig. Da aber die Maximalzahl linear unabhängiger Spaltenvektoren in A r ist, müssen sich a_k und a_l nach dem Satz 3.3 als Linearkombinationen von $a_{i_2}, \ldots, a_{i_{r+1}}$ schreiben lassen.

$$a_k = t_2 a_{i_2} + \ldots + t_{r+1} a_{i_{r+1}}$$

$$a_l = s_2 a_{i_2} + \ldots + s_{r+1} a_{i_{r+1}}$$

Das ergibt sofort

$$a_k + ca_l = (t_2 + cs_2)\, a_{i_2} + \ldots + (t_{r+1} + cs_{r+1})\, a_{i_{r+1}} \quad ,$$

was die lineare Abhängigkeit der Vektoren $a_k + ca_l, a_{i_2}, \ldots, a_{i_{r+1}}$ beweist.

c) Wir multiplizieren die k-te Zeile der Matrix A mit $c \neq 0$. Für die Vektoren $a_{i_1}, \ldots, a_{i_{r+1}}$ bedeutet dies eine Multiplikation der k-ten Komponente. Schreiben wir (4.2) zeilenweise, so ändert sich lediglich die k-te Gleichung. Wenn aber

$$t_1\, a_{ki_1} + \ldots + t_{r+1}\, a_{ki_{r+1}} = 0 \text{ für } (t_1, \ldots, t_{r+1}) \neq (0, \ldots, 0)$$

richtig ist, so ist auch

$$t_1\, ca_{ki_1} + \ldots + t_{r+1}\, ca_{ki_{r+1}} = 0 \quad .$$

Die neuen Spaltenvektoren sind deshalb linear abhängig.

d) Schließlich addieren wir das c-fache der k-ten Zeile zur j-ten Zeile. Die so veränderten Vektoren erfüllen ebenfalls die Gleichung (4.2). Denn aus

$$t_1\, a_{ji_1} + \ldots + t_{r+1}\, a_{ji_{r+1}} = 0 \qquad \text{und}$$

$$t_1\, a_{ki_1} + \ldots + t_{r+1}\, a_{ki_{r+1}} = 0$$

ergibt sich nach Multiplikation der zweiten Gleichung mit c und anschließender Addition zur ersten Gleichung

$$t_1\, (a_{ji_1} + ca_{ki_1}) + \ldots + t_{r+1}(a_{ji_{r+1}} + ca_{ki_{r+1}}) = 0.$$

Alle von der j-ten Zeile in (4.2) verschiedenen Gleichungen bleiben aber unverändert. Folglich sind die neuen Vektoren wiederum linear abhängig.

Wir haben also gezeigt, daß sich der Spaltenrang bei der Durchführung von Umformungen nicht erhöhen kann, da r + 1 linear abhängige Spaltenvektoren in neue, linear abhängige übergehen. Der Spaltenrang kann aber auch nicht kleiner werden. Wir können nämlich jede Umformung durch eine zweite rückgängig machen und somit zur alten Matrix zurückkehren. Haben wir z. B. eine Zeile mit $c \neq 0$ multipliziert, so gelangen wir zur ursprünglichen Matrix, indem wir im zweiten Schritt die betrachtete Zeile mit $\frac{1}{c}$ multiplizieren. Hätte sich bei einer Umformung der Spaltenrang verkleinert, so würde das bedeuten, daß sich beim Rückgängigmachen der Spaltenrang erhöhen müßte, was nach dem oben Gezeigten unmöglich ist. Damit ist bewiesen, daß die genannten vier Umformungen a bis d den Spaltenrang ungeändert lassen. Betrachten wir jetzt die zu A transponierte Matrix

$$A' = \begin{pmatrix} a_{11} & \dots & a_{m1} \\ \vdots & & \\ a_{1n} & \dots & a_{mn} \end{pmatrix}$$

dann stimmt deren Spaltenrang mit dem Zeilenrang von A überein. Jede Umformung a bis d ändert aber nicht den Spaltenrang von A'. Zum anderen entspricht jeder Umformung in A'eine solche in A und umgekehrt. Die in A durchgeführte Änderung ist vom Typ a bis d. Das bedeutet, daß die Veränderungen a bis d nicht nur den Spaltenrang, sondern auch den Zeilenrang in A gleich lassen.

Die im folgenden Verfahren vorgenommene Vertauschung zweier Spalten bzw. Zeilen kann durch vier Umformungen erreicht werden.

$$(a_1, a_2) \to (a_1, a_2 - a_1) \to (a_2, a_2 - a_1) \to (a_2, -a_1) \to (a_2, a_1)$$

1. Schritt: Subtraktion der ersten Spalte von der zweiten.
2. Schritt: Addition der neuen zweiten Spalte zur ersten.
3. Schritt: Subtraktion der neuen ersten Spalte von der zweiten.
4. Schritt: Multiplikation der neuen zweiten Spalte mit −1.

Wir geben nun das Verfahren zum Bestimmen des Spalten- und Zeilenranges an. Enthält die Matrix nicht nur die Elemente Null, so können wir notfalls durch Vertauschen von Spalten und Zeilen erreichen, daß das in der ersten Zeile und ersten Spalte stehende Element ungleich Null ist. Sodann dividieren wir die erste Zeile durch dieses Element. Damit erscheint in der ersten Zeile an erster Stelle eine Eins. Nun subtrahieren wir geeignete Vielfache der ersten Zeile von den anderen Zeilen und lassen dadurch alle Elemente der ersten Spalte unter dem ersten Element Null werden. Entsprechend verfahren wir bei den Spalten. Die neue Matrix hat jetzt die Gestalt

$$\begin{pmatrix} 1 & 0 & \dots & 0 \\ 0 & a^*_{22} & \dots & a^*_{2n} \\ \vdots & \vdots & & \vdots \\ 0 & a^*_{m2} & \dots & a^*_{mn} \end{pmatrix}$$

Wenn wir im unteren rechten Rechteck nur noch die Werte Null haben, sind wir fertig, und die gesuchten Ränge sind Eins. Sonst bringen wir ein von Null verschiedenes Element in den Schnittpunkt der zweiten Zeile und der zweiten Spalte und setzen das oben beschriebene Verfahren fort. Nach endlich vielen Schritten müssen wir die Umformungen abbrechen, da entweder die in der Hauptdiagonalen stehenden Einsen den rechten oder den unteren Rand erreicht haben oder ein restliches Rechteck nur noch die Elemente Null enthält. Die Matrix nimmt jetzt die Gestalt

$$\begin{pmatrix} 1 & 0 & \cdots & 0 & 0 & \cdots & 0 \\ 0 & 1 & \ddots & \vdots & \vdots & & \vdots \\ \vdots & \ddots & \ddots & \ddots & \vdots & & \vdots \\ \vdots & & \ddots & 0 & \vdots & & \vdots \\ 0 & \cdots & 0 & 1 & 0 & \cdots & 0 \\ \vdots & & & 0 & 0 & \cdots & 0 \\ \vdots & & & \vdots & \vdots & & \vdots \\ 0 & \cdots & \cdots & 0 & 0 & \cdots & 0 \end{pmatrix} \quad \text{an.}$$

Die so erhaltene Matrix muß den gleichen Spalten- und Zeilenrang wie die Matrix A besitzen. Die ersten r Spaltenvektoren sind die ersten r m-dimensionalen Einheitsvektoren und sicherlich linear unabhängig. r + 1 Spaltenvektoren enthalten aber den Nullvektor, so daß diese stets linear abhängig sind. Der Spaltenrang von A ist demnach r. Analog erkennen wir, daß der Zeilenrang ebenfalls r ist. Damit gewinnen wir den Satz 4.1.

Satz 4.1: In einer Matrix ist die Maximalzahl linear unabhängiger Spaltenvektoren gleich der Maximalzahl linear unabhängiger Zeilenvektoren.

Wir werden deshalb in Zukunft nur noch vom Rang einer Matrix sprechen.

Beispiel: Wir bestimmen den Rang der Matrix

$$A = \begin{pmatrix} 1 & 2 & 1 & 7 \\ 0 & 0 & 3 & -3 \\ 1 & 1 & 1 & 4 \\ 1 & 2 & 2 & 6 \end{pmatrix} .$$

$$A \to \begin{pmatrix} 1 & 2 & 1 & 7 \\ 0 & 0 & 3 & -3 \\ 0 & -1 & 0 & -3 \\ 0 & 0 & 1 & -1 \end{pmatrix} \to \begin{pmatrix} 1 & 0 & 0 & 0 \\ 0 & 0 & 3 & -3 \\ 0 & -1 & 0 & -3 \\ 0 & 0 & 1 & -1 \end{pmatrix} \to \begin{pmatrix} 1 & 0 & 0 & 0 \\ 0 & 1 & 0 & 3 \\ 0 & 0 & 1 & -1 \\ 0 & 0 & 3 & -3 \end{pmatrix}$$

$$\to \begin{pmatrix} 1 & 0 & 0 & 0 \\ 0 & 1 & 0 & 0 \\ 0 & 0 & 1 & -1 \\ 0 & 0 & 3 & -3 \end{pmatrix} \to \begin{pmatrix} 1 & 0 & 0 & 0 \\ 0 & 1 & 0 & 0 \\ 0 & 0 & 1 & 0 \\ 0 & 0 & 3 & 0 \end{pmatrix} \to \begin{pmatrix} 1 & 0 & 0 & 0 \\ 0 & 1 & 0 & 0 \\ 0 & 0 & 1 & 0 \\ 0 & 0 & 0 & 0 \end{pmatrix}$$

Der Rang von A ist 3. $\quad \mathrm{Rg}(A) = 3.$

Schreiben wir n + j n-dimensionale Vektoren als Spaltenvektoren in eine Matrix, so besitzt diese genau n Zeilenvektoren. Wegen des Satzes 4.1 muß dann

$$\mathrm{Rg}\begin{pmatrix} a_{11} & \dots & a_{1,n+j} \\ \vdots & & \vdots \\ a_{n1} & \dots & a_{n,n+j} \end{pmatrix} \leqslant n < n+j \quad \text{für } j > 0$$

sein. Aus dem Satz 4.1 ergibt sich demnach die Gültigkeit des nächsten Satzes.

Satz 4.2: Mehr als n n-dimensionale Vektoren sind stets linear abhängig.

In der Simplextheorie (Kapitel 4 Abschnitt 4.3 d) werden wir von folgendem Satz Gebrauch machen.

Satz 4.3.: Multiplizieren wir die n-reihige quadratische Matrix A vom Rang n mit der n-reihigen quadratischen Matrix B vom Rang s, so haben die Produktmatrizen C = AB und $\overline{C}$ = BA ebenfalls den Rang s.

Beweis: Es seien

$$a_k = \begin{pmatrix} a_{1k} \\ \vdots \\ a_{nk} \end{pmatrix}, \quad b_k = \begin{pmatrix} b_{1k} \\ \vdots \\ b_{nk} \end{pmatrix},$$

$$c_k = \begin{pmatrix} c_{1k} \\ \vdots \\ c_{nk} \end{pmatrix} = \begin{pmatrix} \sum_{l=1}^{n} a_{1l}\, b_{lk} \\ \vdots \\ \sum_{l=1}^{n} a_{nl}\, b_{lk} \end{pmatrix} = \begin{pmatrix} a_{11} \cdot b_{1k} \\ \vdots \\ a_{n1} \cdot b_{1k} \end{pmatrix} + \dots$$

$$\dots + \begin{pmatrix} a_{1n}\, b_{nk} \\ \vdots \\ a_{nn}\, b_{nk} \end{pmatrix} = \sum_{l=1}^{n} b_{lk}\, a_l \quad .$$

a) Wir zeigen, daß die lineare Abhängigkeit der Vektoren $b_{k_1}, b_{k_2}, \dots, b_{k_j}$ auch diejenige der in C entsprechenden Vektoren $c_{k_1}, c_{k_2}, \dots, c_{k_j}$ nach sich zieht. Zunächst existieren nach Voraussetzung reelle Zahlen $(t_1, \dots, t_j) \neq (0, \dots, 0)$, so daß

$$\sum_{\nu=1}^{j} t_\nu\, b_{k_\nu} = 0 \quad \text{ist.}$$

Damit müssen die n Komponenten des auf der linken Seite der letzten Gleichung stehenden Summenvektors verschwinden.

$$\sum_{\nu=1}^{j} t_\nu\, b_{1k_\nu} = \sum_{\nu=1}^{j} t_\nu\, b_{2k_\nu} = \dots = \sum_{\nu=1}^{j} t_\nu\, b_{nk_\nu} = 0$$

Nun gilt aber

$$\sum_{\nu=1}^{j} t_\nu b_{1k_\nu} a_1 + \sum_{\nu=1}^{j} t_\nu b_{2k_\nu} a_2 + \ldots + \sum_{\nu=1}^{j} t_\nu b_{nk_\nu} a_n = 0$$

oder zusammengefaßt

$$\sum_{\nu=1}^{j} t_\nu \left(\sum_{l=1}^{n} b_{lk_\nu} a_l \right) = 0 \quad ,$$

also

$$\sum_{\nu=1}^{j} t_\nu c_{k_\nu} = 0 \quad .$$

Demnach sind auch die Vektoren $c_{k_1}, c_{k_2}, \ldots, c_{k_j}$ linear abhängig. Das liefert die Beziehung $\mathrm{Rg}(C) \leq \mathrm{Rg}(B)$.

b) Jetzt seien die Vektoren $c_{k_1}, c_{k_2}, \ldots, c_{k_j}$ linear abhängig vorausgesetzt. Wiederum gibt es reelle Zahlen $(t_1^*, \ldots, t_j^*) \neq (0, \ldots, 0)$, für die

$$\sum_{\nu=1}^{j} t_\nu^* c_{k_\nu} = 0 \quad \text{ist.}$$

Deshalb ist

$$\sum_{\nu=1}^{j} t_\nu^* c_{k_\nu} = \sum_{\nu=1}^{j} t_\nu^* b_{1k_\nu} a_1 + \sum_{\nu=1}^{j} t_\nu^* b_{2k_\nu} a_2 + \ldots + \sum_{\nu=1}^{j} t_\nu^* b_{nk_\nu} a_n = 0.$$

Wegen der linearen Unabhängigkeit der Vektoren $a_1, a_2, \ldots, a_n$ muß

$$\sum_{\nu=1}^{j} t_\nu^* b_{1k_\nu} = \sum_{\nu=1}^{j} t_\nu^* b_{2k_\nu} = \ldots = \sum_{\nu=1}^{j} t_\nu^* b_{nk_\nu} = 0$$

gelten. Hierdurch wird

$$0 = \begin{pmatrix} \sum_{\nu=1}^{j} t_\nu^* b_{1k_\nu} \\ \vdots \\ \sum_{\nu=1}^{j} t_\nu^* b_{nk_\nu} \end{pmatrix} = t_1^* b_{k_1} + t_2^* b_{k_2} + \ldots + t_j^* b_{k_j} \quad .$$

Mit den Vektoren $c_{k_1}, c_{k_2}, \ldots, c_{k_j}$ sind also auch die Vektoren $b_{k_1}, b_{k_2}, \ldots, b_{k_j}$ linear abhängig. Es muß folglich $\mathrm{Rg}(B) \leqslant \mathrm{Rg}(C)$ sein. Zusammen mit dem Ergebnis des Teiles a) wird

$$\mathrm{Rg}(B) = \mathrm{Rg}(C)$$

bzw. $\mathrm{Rg}(AB) = \mathrm{Rg}(B)$, wenn $\mathrm{Rg}(A) = n$ ist.

Da ferner $\mathrm{Rg}(A') = \mathrm{Rg}(A) = n$ ist, wird

$$\mathrm{Rg}(BA) = \mathrm{Rg}([BA]') = \mathrm{Rg}(A'B') = \mathrm{Rg}(B') = \mathrm{Rg}(B)$$

und der Satz 4.3 ist bewiesen.

1.5. Übungsaufgaben

1. Man berechne

$$\begin{pmatrix} 1 & 0 \\ 2 & 1 \\ 3 & 2 \end{pmatrix} \begin{pmatrix} 1 & 3 & 4 \\ 2 & 1 & 2 \end{pmatrix}.$$

2. Gegeben sind die Gleichungen $Ax = b$ und $x = By$. Man bestimme mit Hilfe der Matrizenmultiplikation $ABy = b$.

$$\left.\begin{aligned} 2x_1 - x_2 + 3x_3 &= 4 \\ -3x_1 + 2x_2 - x_3 &= -5 \end{aligned}\right\} Ax = b$$

$$\left.\begin{aligned} x_1 &= y_1 - y_2 \\ x_2 &= 2y_1 + 3y_2 \\ x_3 &= -y_1 + 2y_2 \end{aligned}\right\} x = By$$

3. Man bestimme die Maximalzahl der linear unabhängigen Vektoren von

$$a_1 = \begin{pmatrix} 2 \\ 1 \\ 1 \\ 3 \end{pmatrix}, a_2 = \begin{pmatrix} 5 \\ 1 \\ 22 \\ -3 \end{pmatrix}, a_3 = \begin{pmatrix} 3 \\ 2 \\ -5 \\ 8 \end{pmatrix}, a_4 = \begin{pmatrix} 1 \\ 0 \\ 7 \\ -2 \end{pmatrix}.$$

4. Man beweise: $B = AA'$ ist eine symmetrische Matrix, d. h., es gilt $b_{ik} = b_{ki}$.

2. Lineare Gleichungssysteme

2.1. Lösbarkeit linearer Gleichungssysteme

Wir betrachten ein System von m linearen Gleichungen mit n Unbekannten.

$$\begin{aligned} a_{11}\,x_1 + a_{12}\,x_2 + \ldots + a_{1n}\,x_n &= b_1 \\ \ldots\ldots\ldots\ldots\ldots & \\ a_{m1}\,x_1 + a_{m2}\,x_2 + \ldots + a_{mn}\,x_n &= b_m \end{aligned} \tag{1.1}$$

Sind $a_k' = (a_{1k}, a_{2k}, \ldots, a_{mk})$ für $k = 1, \ldots, n$ und $b' = (b_1, \ldots, b_m)$ vorgegebene Vektoren, so heißt $A = (a_1, a_2, \ldots, a_n)$ einfache Matrix und $\bar{A} = (a_1, \ldots, a_n, b)$ erweiterte Matrix des Gleichungssystems (1.1). Wichtig für alles weitere ist der

Satz 1.1: Das lineare Gleichungssystem (1.1) ist genau dann lösbar, wenn der Rang der einfachen Matrix gleich dem der erweiterten ist.

Beweis: a) Wir zeigen zunächst, daß die Bedingung $\mathrm{Rg}(A) = \mathrm{Rg}(\bar{A})$ hinreichend für die Existenz wenigstens einer Lösung x ist. Es sei also $\mathrm{Rg}(A) = \mathrm{Rg}(\bar{A}) = r$. Dann gibt es in A r linear unabhängige Spaltenvektoren und je r + 1 Vektoren aus A sind linear abhängig. Durch Umbenennen von Unbekannten können wir erreichen, daß die ersten r Vektoren $a_1, \ldots, a_r$ in A linear unabhängig sind. Da diese auch in $\bar{A}$ auftreten und $\mathrm{Rg}(\bar{A}) = r$ ist, müssen $a_1, \ldots, a_r, b$ linear abhängig sein. Nach dem Satz 3.3 des ersten Kapitels läßt sich jetzt b als Linearkombination der Vektoren $a_1, \ldots, a_r$ darstellen.

$$b = t_1\,a_1 + \ldots + t_r\,a_r$$

Hiermit ist $x' = (t_1, \ldots, t_r, 0, \ldots, 0)$ ein gesuchter Lösungsvektor.

b) Es existiere umgekehrt eine Lösung $x' = (s_1, \ldots, s_n)$ von (1.1), d.h.

$$b = s_1\,a_1 + \ldots + s_n\,a_n \tag{1.2}$$

Indem wir die im Abschnitt 4 des ersten Kapitels bei der Bestimmung des Ranges einer Matrix angegebene Umformung b) mehrfach verwenden, erhalten wir

$$\mathrm{Rg}(\bar{A}) = \mathrm{Rg}(a_1, \ldots, a_n, b) = \mathrm{Rg}(a_1, \ldots, a_n, b - s_1\,a_1 - \ldots - s_n\,a_n) = \mathrm{Rg}(a_1, \ldots, a_n, 0) = \mathrm{Rg}(A),$$

womit der Satz 1.1 bewiesen ist.

Aus der Gültigkeit des obigen Satzes 1.1 und des Satzes 4.2 des ersten Kapitels folgt noch

Satz 1.2: Die Lösung eines Systems von n linearen Gleichungen mit n Unbekannten ist eindeutig, wenn der Rang der einfachen Matrix n ist.

Beweis: Nach dem Satz 4.2 des ersten Kapitels ist der Rang der erweiterten Matrix ebenfalls n, so daß es wenigstens eine Lösung des Gleichungssystems gibt. Es seien nun $x' = (x_1, \ldots, x_n)$ und $y' = (y_1, \ldots, y_n)$ zwei Lösungsvektoren. Dann gelten die Beziehungen

$$a_1 x_1 + \ldots + a_n x_n = b \qquad \text{und}$$
$$a_1 y_1 + \ldots + a_n y_n = b\,,$$

welche nach Subtraktion der zweiten Gleichung von der ersten

$$a_1 (x_1 - y_1) + \ldots + a_n (x_n - y_n) = 0$$

liefern. Wegen der linearen Unabhängigkeit der Vektoren $a_1, \ldots, a_n$ müssen in der letzten Gleichung alle Koeffizienten $x_i - y_i$ für $i = 1, \ldots, n$ verschwinden. Damit ist $x = y$, und die Eindeutigkeit der Lösung des genannten Systems ist gezeigt.

2.2. Auflösung linearer Gleichungssysteme (Gaußscher Algorithmus)

In diesem Abschnitt beschreiben wir den Gaußschen Algorithmus, der uns nicht nur zu entscheiden erlaubt, ob (1.1) lösbar ist oder nicht, sondern der uns für den Fall, daß $\mathrm{Rg}(A) = \mathrm{Rg}(\bar{A}) = r$ ist, gleichzeitig die gesuchte Lösung angibt. Mit Hilfe dieses Verfahrens finden wir ein dem Gleichungssystem (1.1) äquivalentes Gleichungssystem. Dieses neue Gleichungssystem besitzt also die gleiche Lösungsmenge wie (1.1), hat aber den Vorteil, daß wir im Falle der Lösbarkeit von (1.1) die Lösung bzw. die Lösungen aufgrund der einfachen Gestalt sofort ablesen können.

Damit die Beschreibung der einzelnen Schritte möglichst einfach wird, nehmen wir im folgenden an, daß die ersten r Spaltenvektoren in A linear unabhängig sind. Sollte diese Bedingung bei einer Aufgabe nicht erfüllt sein, ergeben sich jedenfalls bei der Rechnung keine neuen Schwierigkeiten. (vgl. Beispiel). Ohne Einschränkung der Allgemeinheit (O.E.d.A.) sei $a_{11} \neq 0$. Diese Annahme können wir stets machen, da wir sonst die erste Gleichung in (1.1) gegen eine andere austauschen, in der der Koeffizient von x_1 ungleich Null ist und nicht alle Komponenten von a_1 wegen der linearen Unabhängigkeit der Vektoren $a_1, \ldots, a_r$ verschwinden können. Wir multiplizieren die erste Gleichung in (1.1) der Reihe nach mit $-\frac{a_{21}}{a_{11}}, -\frac{a_{31}}{a_{11}}, \ldots, -\frac{a_{m1}}{a_{11}}$ und addieren zur zweiten, dritten, ..., m-ten Gleichung. Es entsteht das neue System

$$\begin{array}{llr} a_{11} x_1 + a_{12} x_2 + a_{13} x_3 + \ldots + a_{1n} x_n & = b_1 & \\ 0 \quad + a'_{22} x_2 + a'_{23} x_3 + \ldots + a'_{2n} x_n & = b'_2 & (2.1) \\ \vdots & & \\ 0 \quad + a'_{m2} x_2 + a'_{m3} x_3 + \ldots + a'_{mn} x_n & = b'_m\,. & \end{array}$$

Die ersten r Spaltenvektoren sind in der neuen Matrix weiterhin linear unabhängig, da die vorgenommenen Umformungen nach den Ausführungen des Abschnitts 1.4 den Spaltenrang nicht ändern.

Es sei nun $a'_{22} \neq 0$. Trifft das nicht zu, tauschen wir die neue zweite Gleichung gegen eine folgende mit $a'_{i2} \neq 0$ für $i = 2, \ldots, m$ aus. Das muß wegen der vorausgesetzten linearen Unabhängigkeit der ersten zwei Spaltenvektoren stets möglich sein. Jetzt multiplizieren wir die zweite Gleichung der Reihe nach mit $-\frac{a_{12}}{a'_{22}}, -\frac{a'_{32}}{a'_{22}}, \ldots, -\frac{a'_{m2}}{a'_{22}}$ und addieren zur ersten, dritten, ..., m-ten Gleichung.

Das ergibt

$$\begin{array}{llll} a_{11}x_1 + 0 & + \bar{a}_{13}x_3 + \ldots + \bar{a}_{1n}x_n & = \bar{b}_1 \\ 0 \quad + a'_{22}x_2 & + a'_{23}x_3 + \ldots + a'_{2n}x_n & = b'_2 \\ 0 \quad + 0 & + \bar{a}_{33}x_3 + \ldots + \bar{a}_{3n}x_n & = \bar{b}_3 \\ \vdots & & \\ 0 \quad + 0 & + \bar{a}_{m3}x_3 + \ldots + \bar{a}_{mn}x_n & = \bar{b}_m \, . \end{array} \tag{2.2}$$

Das beschriebene Verfahren setzen wir fort und erhalten schließlich

$$\begin{array}{llll} a_{11}x_1 + 0 \quad + 0 \quad + \quad \ldots + 0 & + a^*_{1,r+1}x_{r+1} + \ldots + a^*_{1n}x_n & = b^*_1 \\ 0 \quad + a'_{22}x_2 + 0 \quad + \quad \ldots + 0 & + a^*_{2,r+1}x_{r+1} + \ldots + a^*_{2n}x_n & = b^*_2 \\ 0 \quad + 0 \quad + \bar{a}_{33}x_3 + 0 + \ldots + 0 & + a^*_{3,r+1}x_{r+1} + \ldots + a^*_{3n}x_n & = b^*_3 \\ \vdots \qquad\qquad\qquad\qquad \vdots & & \\ 0 \quad + \qquad\qquad + 0 + a^*_{rr}x_r & + a^*_{r,r+1}x_{r+1} + \ldots + a^*_{rn}x_n & = b^*_r \\ 0 \quad + \; . \quad . \quad . \quad . \quad + 0 & + a^*_{r+1,r+1}x_{r+1} + \ldots + a^*_{r+1,n}x_n & = b^*_{r+1} \\ \vdots \qquad\qquad\qquad\qquad \vdots & \quad \vdots & \quad \vdots \\ 0 \quad + \; . \quad . \quad . \quad . \quad + 0 & + a^*_{m,r+1}x_{r+1} + \ldots + a^*_{mn}x_n & = b^*_m \end{array} \tag{2.3}$$

In der zum letzten Gleichungssystem gehörenden Matrix A^* sind in den ersten r Spaltenvektoren lediglich die Elemente a^*_{kk} ungleich Null ($k = 1, \ldots, r$). Da aber der Rang von A gleich r war, müssen alle Elemente der $(r + 1)$-ten, ..., m-ten Zeile von A^* Null sein. Wir erkennen ferner, daß das System (1.1) sicherlich dann nicht lösbar ist, wenn eines der Glieder $b^*_{r+1}, \ldots, b^*_m$ einen von Null verschiedenen Wert hat. Ist aber $\mathrm{Rg}(\bar{A}) = \mathrm{Rg}(A) = r$, so muß $b^*_{r+1} = \ldots = b^*_m = 0$ sein. Wir können jetzt die Lösungen ablesen, indem wir die erste Gleichung durch a_{11}, die zweite durch $a'_{22}, \ldots$, die r-te durch a^*_{rr} dividieren und die verbleibenden ersten r Gleichungen nach $x_1, x_2, \ldots, x_r$ auflösen.

$$\begin{aligned} x_1 &= \frac{b_1^*}{a_{11}} - \frac{a^*_{1,r+1}}{a_{11}} x_{r+1} - \ldots - \frac{a^*_{1n}}{a_{11}} x_n \\ &\cdot \quad \cdot \quad \cdot \quad \cdot \quad \cdot \quad \cdot \quad \cdot \\ x_r &= \frac{b_r^*}{a^*_{rr}} - \frac{a^*_{r,r+1}}{a^*_{rr}} x_{r+1} - \ldots - \frac{a^*_{rn}}{a^*_{rr}} x_n \end{aligned} \tag{2.4}$$

Da jeder durchgeführte Schritt wieder rückgängig gemacht werden kann, wir also aus (2.4) die Systeme (2.3), (2.2), (2.1) und schließlich (1.1) gewinnen können, müssen die Lösungen von (1.1) und (2.4) übereinstimmen. Demnach liefert (2.4) die allgemeine Lösung von (1.1). Es gilt folglich der

Satz 2.1: Ist der Rang der einfachen und der erweiterten Matrix des linearen Gleichungssystems (1.1) gleich r und sind $a_{i_1}, \ldots, a_{i_r}$ linear unabhängig, so erhalten wir alle Lösungen von (1.1), indem wir die n-r Unbekannten $x_{i_{r+1}}, \ldots, x_{i_n}$ beliebige Werte annehmen lassen.

Wir kürzen das vorher beschriebene Verfahren dadurch ab, daß wir die erlaubten Umformungen – lediglich Zeilenumformungen sind gestattet – mit der erweiterten Matrix des Gleichungssystems vornehmen und erst zum Schluß $x_1, \ldots, x_r$ einsetzen.

$$\begin{pmatrix} a_{11} & a_{12} & a_{13} & \ldots & a_{1n} & b_1 \\ a_{21} & a_{22} & a_{23} & \ldots & a_{2n} & b_2 \\ \vdots \\ a_{m1} & a_{m2} & a_{m3} & \ldots & a_{mn} & b_m \end{pmatrix} \to \begin{pmatrix} a_{11} & a_{12} & a_{13} & \ldots & a_{1n} & b_1 \\ 0 & a'_{22} & a'_{23} & \ldots & a'_{2n} & b'_2 \\ \vdots \\ 0 & a'_{m2} & a'_{m3} & \ldots & a'_{mn} & b'_m \end{pmatrix} \to$$

$$\to \begin{pmatrix} a_{11} & 0 & \bar{a}_{13} & \ldots & \bar{a}_{1n} & \bar{b}_1 \\ 0 & a'_{22} & a'_{23} & \ldots & a'_{2n} & b'_2 \\ 0 & 0 & \bar{a}_{33} & \ldots & \bar{a}_{3n} & \bar{b}_3 \\ \vdots & \vdots & \vdots & & \vdots & \vdots \\ 0 & 0 & \bar{a}_{m3} & \ldots & \bar{a}_{mn} & \bar{b}_m \end{pmatrix} \to \ldots \to \begin{pmatrix} a_{11} & 0 & \ldots & 0 & a^*_{1,r+1} & \ldots & a^*_{1n} & b^*_1 \\ 0 & a'_{22} & \ddots & \vdots & \vdots & & \vdots & \vdots \\ \vdots & \ddots & \ddots & 0 & \vdots & & \vdots & \vdots \\ 0 & \ldots & 0 & a^*_{rr} & \vdots & & \vdots & \vdots \\ \vdots & & & 0 & \vdots & & \vdots & \vdots \\ \vdots & & & \vdots & \vdots & & \vdots & \vdots \\ 0 & \ldots & \ldots & 0 & a^*_{m,r+1} & \ldots & a^*_{mn} & b^*_m \end{pmatrix}$$

Beispiel:

$$\begin{aligned} x_1 + 2x_2 \phantom{{}+x_3} + x_4 &= 3 \\ x_1 + 2x_2 + x_3 - x_4 &= -4 \\ 2x_1 + 4x_2 - x_3 + 4x_4 &= 13 \end{aligned}$$

Lösung:

$$\begin{pmatrix} 1 & 2 & 0 & 1 & 3 \\ 1 & 2 & 1 & -1 & -4 \\ 2 & 4 & -1 & 4 & 13 \end{pmatrix} \rightarrow \begin{pmatrix} 1 & 2 & 0 & 1 & 3 \\ 0 & 0 & 1 & -2 & -7 \\ 0 & 0 & -1 & 2 & 7 \end{pmatrix} \rightarrow \begin{pmatrix} 1 & 2 & 0 & 1 & 3 \\ 0 & 0 & 1 & -2 & -7 \\ 0 & 0 & 0 & 0 & 0 \end{pmatrix}$$

$$x_1 + 2x_2 + x_4 = 3$$

$$x_3 - 2x_4 = -7$$

Die Lösung heißt

$$x_1 = 3 - 2x_2 - x_4$$

$$x_3 = -7 + 2x_4$$

wobei x_2 und x_4 beliebige Werte annehmen können.

2.3. Inverse Matrix

Wenn es zur n-reihigen quadratischen Matrix A eine n-reihige quadratische Matrix B gibt, für die

$$AB = E$$

ist, heißt B die inverse Matrix von A und wird als A^{-1} bezeichnet. Nennen wir die k-te Spalte von A, B bzw. E a_k, b_k bzw. e_k, so muß für alle $k = 1, \ldots, n$

$$Ab_k = e_k$$

gelten. Nach dem Satz 1.1 ist das Gleichungssystem $Ab_k = e_k$ genau dann lösbar – wir setzen A und e_k als gegeben voraus –, falls $\text{Rg}(a_1, \ldots, a_n) = \text{Rg}(a_1, \ldots, a_n, e_k)$ ist. Hiermit ist aber

$$e_k = \lambda_{k1} a_1 + \ldots + \lambda_{kn} a_n \qquad \text{für } k = 1, \ldots, n.$$

Da mehr als n n-dimensionale Vektoren stets linear abhängig sind (Satz 4.2 des ersten Kapitels), die Vektoren $e_1, \ldots, e_n$ aber linear unabhängig sind, ist $\text{Rg}(a_1, \ldots, a_n, e_1, \ldots, e_n) = n$. Indem wir mehrfach die bei der Bestimmung des Spaltenranges (Abschnitt 1.4) angegebene Umformung b) verwenden, erhalten wir

$$n = \text{Rg}(a_1, \ldots, a_n, e_1, \ldots, e_n) = \text{Rg}(a_1, \ldots, a_n, e_1 - \lambda_{11} a_1 - \cdots - \lambda_{1n} a_n$$

$$, \ldots, e_n - \lambda_{n1} a_1 - \ldots - \lambda_{nn} a_n) = \text{Rg}(a_1, \ldots, a_n, 0, \ldots, 0) =$$

$$\text{Rg}(a_1, \ldots, a_n)$$

Notwendig für die Existenz einer inversen Matrix der n-reihigen quadratischen Matrix A ist demnach Rg (A) = n. Nach dem Satz 1.1 ist diese Bedingung aber auch hinreichend.

Aus Satz 1.2 folgt sogar die Eindeutigkeit der inversen Matrix. Wir zeigen schließlich noch, daß sich aus $AA^{-1} = E$ auch $A^{-1}A = E$ ergibt, so daß wir berechtigt sind, von der inversen Matrix einer Matrix A mit Rg (A) = n zu sprechen. Nach dem Satz 4.3 des ersten Kapitels ist $\text{Rg}(AA^{-1}) = \text{Rg}(E) = \text{Rg}(A^{-1})$, also $\text{Rg}(A^{-1}) = n$. Mithin besitzt A^{-1} eine inverse Matrix $(A^{-1})^{-1}$ und es gilt $A^{-1}(A^{-1})^{-1} = E$. Nun ist

$$A^{-1}(AA^{-1}) = A^{-1}E = A^{-1}.$$

Multiplizieren wir diese Beziehung von rechts mit $(A^{-1})^{-1}$, so wird

$$(A^{-1}A)A^{-1}(A^{-1})^{-1} = A^{-1}(A^{-1})^{-1} = E \ .$$

Zum anderen ist

$$A^{-1}A\left[A^{-1}(A^{-1})^{-1}\right] = A^{-1}A\,,$$

also auch

$$A^{-1}A = E, \qquad \text{was zu beweisen war.}$$

Da jetzt auch A eine inverse Matrix von A^{-1} ist, muß wegen der eindeutigen Existenz der inversen Matrix $A = (A^{-1})^{-1}$ sein.

Wir fassen die vorstehenden Ausführungen im Satz 3.1 zusammen:

Satz 3.1: a) Die inverse Matrix einer n-reihigen quadratischen Matrix A gibt es dann und nur dann, wenn Rg (A) = n ist.

b) Die inverse Matrix ist eindeutig bestimmt.

c) Es gelten die Gleichungen

$AA^{-1} = E$ und $A^{-1}A = E$.

Zur Berechnung der Elemente der inversen Matrix benutzen wir den Gaußschen Algorithmus. Ein einfaches Beispiel soll das erläutern. Gesucht ist die inverse Matrix von

$$A = \begin{pmatrix} 2 & -1 & 3 \\ 1 & 1 & 4 \\ 0 & -2 & 0 \end{pmatrix} .$$

Zunächst bestimmen wir die Elemente des ersten Spaltenvektors von A^{-1}. Dann muß

$$\begin{pmatrix} 2 & -1 & 3 \\ 1 & 1 & 4 \\ 0 & -2 & 0 \end{pmatrix} \begin{pmatrix} b_{11} \\ b_{21} \\ b_{31} \end{pmatrix} = \begin{pmatrix} 1 \\ 0 \\ 0 \end{pmatrix}$$

gelten. Der folgende Gaußsche Algorithmus braucht nicht näher beschrieben zu werden.

$$\begin{pmatrix} 2 & -1 & 3 & 1 \\ 1 & 1 & 4 & 0 \\ 0 & -2 & 0 & 0 \end{pmatrix} \to \begin{pmatrix} 1 & 1 & 4 & 0 \\ 2 & -1 & 3 & 1 \\ 0 & 1 & 0 & 0 \end{pmatrix} \to \begin{pmatrix} 1 & 0 & 4 & 0 \\ 2 & 0 & 3 & 1 \\ 0 & 1 & 0 & 0 \end{pmatrix} \to$$

$$\begin{pmatrix} 1 & 0 & 4 & 0 \\ 0 & 0 & -5 & 1 \\ 0 & 1 & 0 & 0 \end{pmatrix} \to \begin{pmatrix} 1 & 0 & 0 & \frac{4}{5} \\ 0 & 0 & 1 & -\frac{1}{5} \\ 0 & 1 & 0 & 0 \end{pmatrix}$$

Das liefert: $b_{11} = \frac{4}{5}$, $b_{21} = 0$, $b_{31} = -\frac{1}{5}$.

Entsprechend müssen die Elemente des zweiten und des dritten Spaltenvektors aus

$$\begin{pmatrix} 2 & -1 & 3 \\ 1 & 1 & 4 \\ 0 & -2 & 0 \end{pmatrix} \begin{pmatrix} b_{12} \\ b_{22} \\ b_{32} \end{pmatrix} = \begin{pmatrix} 0 \\ 1 \\ 0 \end{pmatrix} \text{bzw.} \begin{pmatrix} 2 & -1 & 3 \\ 1 & 1 & 4 \\ 0 & -2 & 0 \end{pmatrix} \begin{pmatrix} b_{13} \\ b_{23} \\ b_{33} \end{pmatrix} = \begin{pmatrix} 0 \\ 0 \\ 1 \end{pmatrix}$$

berechnet werden.

$$\begin{pmatrix} 2 & -1 & 3 & 0 \\ 1 & 1 & 4 & 1 \\ 0 & -2 & 0 & 0 \end{pmatrix} \to \begin{pmatrix} 2 & 0 & 3 & 0 \\ 1 & 0 & 4 & 1 \\ 0 & 1 & 0 & 0 \end{pmatrix} \to \begin{pmatrix} 1 & 0 & 4 & 1 \\ 0 & 0 & 5 & 2 \\ 0 & 1 & 0 & 0 \end{pmatrix} \to$$

$$\begin{pmatrix} 1 & 0 & 0 & -\frac{3}{5} \\ 0 & 0 & 1 & \frac{2}{5} \\ 0 & 1 & 0 & 0 \end{pmatrix}$$

Das ergibt: $b_{12} = -\frac{3}{5}$, $b_{22} = 0$, $b_{32} = \frac{2}{5}$.

$$\begin{pmatrix} 2 & -1 & 3 & 0 \\ 1 & 1 & 4 & 0 \\ 0 & -2 & 0 & 1 \end{pmatrix} \to \begin{pmatrix} 1 & 0 & 4 & \frac{1}{2} \\ 0 & 0 & -5 & -\frac{3}{2} \\ 0 & 1 & 0 & -\frac{1}{2} \end{pmatrix} \to \begin{pmatrix} 1 & 0 & 0 & -\frac{7}{10} \\ 0 & 0 & 1 & \frac{3}{10} \\ 0 & 1 & 0 & -\frac{1}{2} \end{pmatrix}$$

Das ergibt: $b_{13} = -\frac{7}{10}$, $b_{23} = -\frac{1}{2}$, $b_{33} = \frac{3}{10}$.

Die inverse Matrix von A heißt demnach

$$A^{-1} = \begin{pmatrix} \frac{4}{5} & -\frac{3}{5} & -\frac{7}{10} \\ 0 & 0 & -\frac{1}{2} \\ -\frac{1}{5} & \frac{2}{5} & \frac{3}{10} \end{pmatrix}.$$

Die drei getrennten Rechnungen lassen sich raumsparend durch eine ersetzen. Eine Erläuterung des Verfahrens ist nicht nötig.

$$\begin{pmatrix} 2 & -1 & 3 & 1 & 0 & 0 \\ 1 & 1 & 4 & 0 & 1 & 0 \\ 0 & -2 & 0 & 0 & 0 & 1 \end{pmatrix} \rightarrow \begin{pmatrix} 1 & 1 & 4 & 0 & 1 & 0 \\ 2 & -1 & 3 & 1 & 0 & 0 \\ 0 & 1 & 0 & 0 & 0 & -\frac{1}{2} \end{pmatrix}$$

$$\rightarrow \begin{pmatrix} 1 & 0 & 4 & 0 & 1 & \frac{1}{2} \\ 2 & 0 & 3 & 1 & 0 & -\frac{1}{2} \\ 0 & 1 & 0 & 0 & 0 & -\frac{1}{2} \end{pmatrix} \rightarrow \begin{pmatrix} 1 & 0 & 4 & 0 & 1 & \frac{1}{2} \\ 0 & 0 & -5 & 1 & -2 & -\frac{3}{2} \\ 0 & 1 & 0 & 0 & 0 & -\frac{1}{2} \end{pmatrix}$$

$$\rightarrow \begin{pmatrix} 1 & 0 & 4 & 0 & 1 & \frac{1}{2} \\ 0 & 0 & 1 & -\frac{1}{5} & \frac{2}{5} & \frac{3}{10} \\ 0 & 1 & 0 & 0 & 0 & -\frac{1}{2} \end{pmatrix} \rightarrow \begin{pmatrix} 1 & 0 & 0 & \frac{4}{5} & -\frac{3}{5} & -\frac{7}{10} \\ 0 & 0 & 1 & -\frac{1}{5} & \frac{2}{5} & \frac{3}{10} \\ 0 & 1 & 0 & 0 & 0 & -\frac{1}{2} \end{pmatrix}$$

$$\rightarrow \begin{pmatrix} 1 & 0 & 0 & \frac{4}{5} & -\frac{3}{5} & -\frac{7}{10} \\ 0 & 1 & 0 & 0 & 0 & -\frac{1}{2} \\ 0 & 0 & 1 & -\frac{1}{5} & \frac{2}{5} & \frac{3}{10} \end{pmatrix}$$

Aus dieser Matrix können wir direkt die gesuchte inverse Matrix ablesen.

2.4. Übungsaufgaben

1. Man löse

a)
$$\begin{aligned} 2x_1 - x_2 + 5x_3 - 3x_4 &= 45 \\ x_1 + 2x_2 - 2x_3 - 5x_4 &= 0 \\ x_2 + 3x_3 + 7x_4 &= 21 \\ -x_1 - 2x_2 + x_3 + 2x_4 &= -5 \end{aligned} ,$$

b)
$$\begin{aligned} 3x_1 - 6x_2 - 3x_3 \quad\quad &= 2 \\ -4x_2 - 4x_3 + 4x_4 &= 1 \\ 6x_1 - 2x_2 + 4x_3 - 2x_4 &= 4 \\ x_1 \quad\quad + x_3 \quad\quad &= 2 \,, \end{aligned}$$

c)
$$\begin{aligned} 2x_1 - 3x_2 + x_3 &= 10 \\ x_1 + x_2 - 3x_3 &= -8 \\ 6x_1 + 7x_2 - x_3 &= 2 \,, \end{aligned}$$

2. Man bestimme die inverse Matrix zu

a) $$A_1 = \begin{pmatrix} 1 & 2 & 0 \\ -1 & -1 & 3 \\ 0 & 0 & 2 \end{pmatrix} ,$$

b) $$A_2 = \begin{pmatrix} 1 & 2 & 0 \\ -1 & 1 & 2 \\ 0 & 1 & -1 \end{pmatrix} .$$

3. Man bestimme die inverse Matrix zu $A^{-1}B^{-1}$.

3. Einführung in die lineare Optimierung

3.1. Problemstellung

Eine sehr einfache Aufgabe soll uns mit der Problemstellung des linearen Optimierens bekannt machen.

Eine Fabrik stellt auf einer Maschine zwei Stoffe verschiedener Webart her. In einer Zeiteinheit können maximal 8 m der Stoffart S_1 oder 4 m der Sorte S_2 oder eine entsprechende Kombination beider Stoffarten produziert werden. Auf einer zweiten Maschine werden höchstens 6 m Stoff in der gleichen Zeiteinheit bedruckt. Für die Verpackung beider Produkte sind zwei Arbeiter zuständig. Der Arbeiter, der nur S_1 verpackt, schafft in der Zeiteinheit maximal 5 m. Der Arbeiter, der nur die zweite Stoffart verpackt, schafft in der gleichen Zeiteinheit höchstens 3 m. Die Verkaufspreise sind zu 9,-- DM für den Meter von S_1 und zu 14,-- DM für den Meter von S_2 festgelegt. Die Firma sucht einen Produktionsplan, der einen maximalen Umsatz gestattet.

Wir sehen, daß die Aufgabe aus drei Teilen besteht:

a) Die Firma hat das Ziel, den Umsatz maximal zu gestalten.

b) Die Lösung wird durch einschränkende Bedingungen beeinflußt. (Die Kapazitäten der Teilbereiche der Fertigung sind nach oben begrenzt.)

c) Die zu bestimmenden Variablen – hier die in einer Zeiteinheit zu fertigenden Meter der Sorten S_1 und S_2 – dürfen nicht negativ sein.

Die in einer Zeiteinheit herzustellenden Meter des Stoffes S_1 seien x_1, die des Stoffes S_2 x_2. Damit ist der Gesamtumsatz durch

$$Z = 9x_1 + 14x_2 \qquad \text{gegeben.}$$

Diese Gleichung nennen wir die Zielfunktion. Die Firma will nun die Variablen x_1 und x_2 so wählen, daß der Wert der Zielfunktion maximal wird.

$$Z = 9x_1 + 14x_2 \rightarrow \max \tag{1.1}$$

Weil auf der ersten Maschine in einer Zeiteinheit höchsten 8 m der Stoffsorte S_1 produziert werden können, benötigen wir für einen Meter $\frac{1}{8}$ und demnach für x_1 Meter $\frac{x_1}{8}$ der Maschinenkapazität. Entsprechend nehmen wir für einen Meter der Stoffart S_2 $\frac{1}{4}$, für x_2 Meter also $\frac{x_2}{4}$ der Maschinenkapazität in Anspruch. Da die Gesamtkapazität der Maschine 1 ist, muß die Bedingung

$$\frac{x_1}{8} + \frac{x_2}{4} \leq 1 \qquad \text{oder } x_1 + 2x_2 \leq 8 \qquad \text{gelten.} \tag{1.2}$$

Entsprechend finden wir für die zweite Maschine

$$\frac{x_1}{6} + \frac{x_2}{6} \leqslant 1 \quad \text{oder } x_1 + x_2 \leqslant 6\,. \tag{1.3}$$

Der erste Arbeiter verpackt in einer Zeiteinheit höchstens 5 m des Stoffes S_1.

$$x_1 \leqslant 5 \tag{1.4}$$

In der gleichen Zeit verpackt der zweite Arbeiter maximal 3 m des Stoffes S_2.

$$x_2 \leqslant 3 \tag{1.5}$$

Zusammenfassend lautet das mathematische Modell der Aufgabe:

I Zielfunktion : $Z = 9x_1 + 14x_2 \to \max$

II Einschränkende Bedingungen:

$$\begin{aligned} x_1 + 2x_2 &\leqslant 8 \\ x_1 + x_2 &\leqslant 6 \\ x_1 \quad &\leqslant 5 \\ x_2 &\leqslant 3 \end{aligned}$$

III Nichtnegativitätsbedingungen: $x_1 \geqslant 0, x_2 \geqslant 0$.

In den drei Teilen der Optimierungsaufgabe treten nur lineare Ausdrücke auf. Diese Tatsache läßt uns den Begriff „Lineares Optimieren" sofort verstehen.

Das allgemeine mathematische Modell einer Maximumaufgabe besitzt demnach die Gestalt:

I Zielfunktion : $Z = p_1 x_1 + \ldots + p_n x_n \to \max$

II Einschränkende Bedingungen:

$$\begin{aligned} &a_{11} x_1 + a_{12} x_2 + \ldots + a_{1n} x_n \leqslant b_1 \\ &\vdots \\ &a_{m1} x_1 + a_{m2} x_2 + \ldots + a_{mn} x_n \leqslant b_m \end{aligned} \tag{1.6}$$

III Nichtnegativitätsbedingungen:

$x_i \geqslant 0$ für $i = 1, \ldots, n$.

Unter Verwendung des Matrizenkalküls können wir (1.6) kürzer schreiben:

I $Z = p' x \to \max$

II $Ax \leqslant b$

III $x \geqslant 0$

Hierbei sind $p' = (p_1, \ldots, p_n)$, $x' = (x_1, \ldots, x_n)$, $b' = (b_1, \ldots, b_m)$,

$$A = \begin{pmatrix} a_{11} & \ldots & a_{1n} \\ \vdots & & \\ a_{m1} & \ldots & a_{mn} \end{pmatrix}.$$

3.2. Graphisches Lösungsverfahren bei einfachen Maximumaufgaben

In diesem Abschnitt soll das nur begrenzt anwendbare graphische Verfahren zur Lösung linearer Optimierungsaufgaben behandelt werden. Wir betrachten die anfangs gestellte Aufgabe. Jedem Produktionsplan mit den Stofflängen x_1 und x_2 können wir eindeutig einen Punkt im kartesischen Koordinatensystem zuordnen. Eine aus den einschränkenden Bedingungen oder den Nichtnegativitätsbedingungen gewählte Ungleichung deuten wir als Halbebene. Die erste einschränkende Bedingung soll das veranschaulichen. Die lineare Gleichung

$$\frac{x_1}{8} + \frac{x_2}{4} = 1 \tag{2.1}$$

ist die Achsenabschnittsform einer Geraden der x_1, x_2-Ebene.

Da der Punkt P in Bild 1 auf der Geraden liegt, erfüllen seine Koordinaten die Funktionsgleichung (2.1). Ersetzen wir aber die Ordinate von P durch einen kleineren Wert $\bar{x}_2$, so wird

$$\frac{x_1}{8} + \frac{\bar{x}_2}{4} < 1 \ .$$

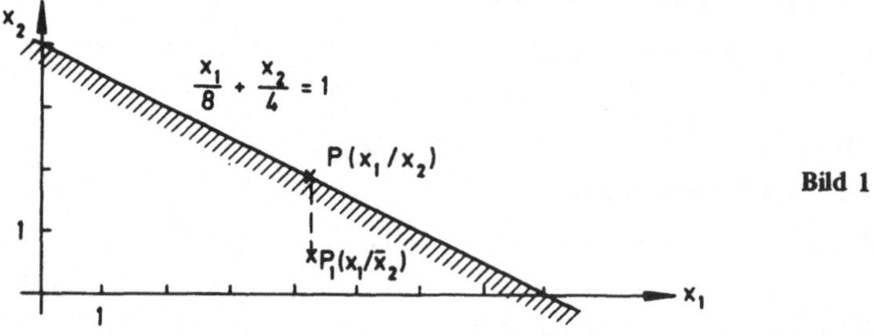

Bild 1

Die Ungleichung

$$\frac{x_1}{8} + \frac{x_2}{4} \leqslant 1$$

wird demnach nur von den Koordinaten derjenigen Punkte nicht erfüllt, die sich oberhalb der Geraden befinden. Verallgemeinern wir das Ergebnis, so können wir feststellen, daß jede Ungleichung $a_{11} x_1 + a_{12} x_2 \leqslant b_1$ eine Halbebene bestimmt, deren Grenzgerade die Funktionsgleichung $a_{11} x_1 + a_{12} x_2 = b_1$ besitzt. Wir tragen jetzt die den Ungleichungen (1.3), (1.4), (1.5), $x_1 \geqslant 0$, $x_2 \geqslant 0$ entsprechenden Grenzgeraden in die Zeichnung ein (Bild 2).

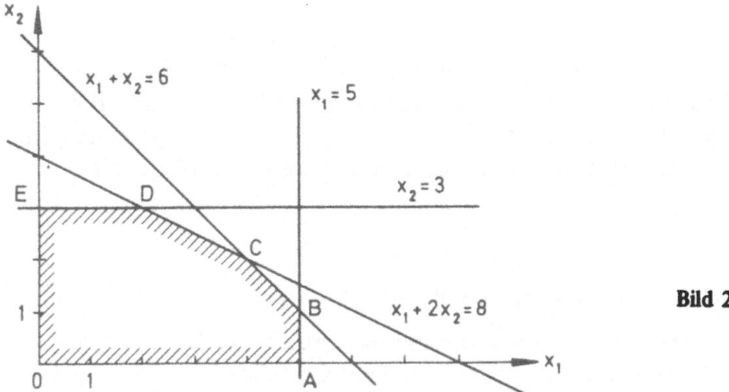

Bild 2

Wir erkennen aus der graphischen Darstellung, daß nur solche Punkte Lösungen der Optimierungsaufgabe bestimmen können, die im Inneren oder auf dem Rand des Polygons OABCDE liegen. Unter diesen Punkten müssen wir den Punkt heraussuchen, dessen Koordinaten den maximalen Umsatz liefern. Zu diesem Zweck betrachten wir die Zielfunktion $Z = 9x_1 + 14x_2$. Sie stellt im Koordinatensystem eine Schar paralleler Geraden mit der Steigung $-\frac{9}{14}$ dar.

$$x_2 = -\frac{9}{14}x_1 + \frac{Z}{14}$$

Der Ordinatenachsenabschnitt der Geraden lautet $\frac{Z}{14}$. Folglich ist der Punkt $S(0 / \frac{Z}{14})$ der Schnittpunkt der Geraden mit der x_2-Achse. Je größer aber der Ordinatenachsenabschnitt ist, desto größer ist auch der Wert der Zielfunktion.

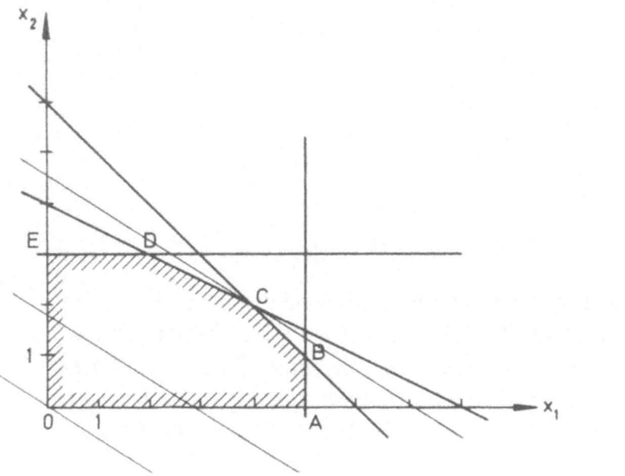

Bild 3

Unter den Geraden der Parallelenschar suchen wir nun die heraus, deren Ordinatenachsenabschnitt am größten ist und die mit dem Polygon O A B C D E noch wenigstens einen Punkt gemeinsam hat. Die gefragte Gerade verläuft durch C. Die Koordinaten von C geben uns die in der Zeiteinheit zu produzierenden Stofflängen x_1 und x_2 an, für die der Gesamtumsatz maximal wird. Aus der Zeichnung lesen wir

$x_1 = 4, x_2 = 2$ ab.

Der maximale Umsatz beträgt somit $Z_{max} = 9 \cdot 4 + 14 \cdot 2$, also $Z_{max} = 64$ (DM).

Nun können wir auch leicht feststellen, inwieweit das optimale Produktionsprogramm die einzelnen Kapazitäten auslastet. Setzen wir die Lösung $x_1 = 4, x_2 = 2$ in die einschränkenden Bedingungen ein, so erhalten wir

$$\frac{4}{8} + \frac{2}{4} = 1$$

$$\frac{4}{6} + \frac{2}{6} = 1$$

$$4 < 5$$

$$2 < 3 \quad .$$

Es werden demnach beide Maschinen voll genutzt, während die Arbeitskraft des ersten Verpackers zu 80%, die des zweiten nur zu $66\frac{2}{3}$ % beansprucht wird.

Eine weitere Aufgabe wird uns zeigen, daß die optimale Lösung nicht immer eindeutig bestimmt sein muß. Das mathematische Modell lautet:

$$\text{I} \qquad Z = 2x_1 + x_2 \rightarrow \max$$

$$\text{II} \qquad \frac{x_1}{4} + \frac{x_2}{8} \leqslant 1$$

$$\frac{x_1}{5} + \frac{x_2}{6} \leqslant 1$$

$$x_1 \qquad \leqslant 3$$

$$x_2 \leqslant 4$$

$$\text{III} \qquad x_1 \geqslant 0, x_2 \geqslant 0$$

Die den Ungleichungen II und III entsprechenden Halbebenen stellen wir wie im vorherigen Beispiel graphisch dar (Bild 4). Jetzt suchen wir wieder unter den Parallelen mit den Funktionsgleichungen $Z = 2x_1 + x_2$ diejenige, die mit dem Bereich der zulässigen Lösungen (Polygon OABCDE) noch mindestens einen Punkt gemeinsam hat und die den größten Ordinatenachsenabschnitt besitzt oder, was damit gleichwertig ist, die vom Ursprung des Koordinatensystems am weitesten entfernt ist. Das Bild 4 zeigt uns, daß die gesuchte Zielgerade durch die Punkte B und C verläuft.

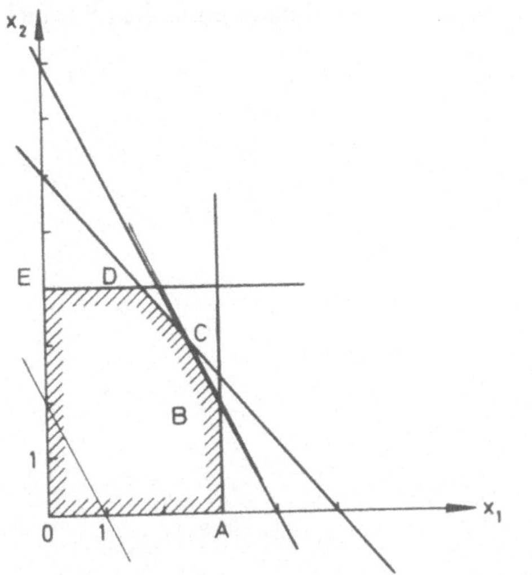

Bild 4

Die zu B und C gehörenden Werte der Zielfunktion sind gleich.

B (3/2) : $Z_{max} = 2 \cdot 3 + 2$; $Z_{max} = 8$

C (2,5/3) : $Z_{max} = 2 \cdot 2{,}5 + 3$; $Z_{max} = 8$

Nun erfüllen aber auch die Koordinaten aller Punkte der Verbindungsstrecke $\overline{BC}$ die Funktionsgleichung $2x_1 + x_2 = 8$, so daß die gestellte Aufgabe beliebig viele optimale Lösungen besitzt.

Ein drittes Beispiel läßt uns erkennen, daß nicht bei jeder Maximumaufgabe der Ursprung des Koordinatensystems im Bereich der zulässigen Lösungen liegen muß.

I $\quad Z = 3x_1 + x_2 \rightarrow \max$

II $\quad 4x_1 - 3x_2 \leqslant 12 \quad$ oder $\quad \frac{x_1}{3} + \frac{x_2}{-4} \leqslant 1$

$\quad -3x_1 + 4x_2 \leqslant 12 \quad$ oder $\quad \frac{x_1}{-4} + \frac{x_2}{3} \leqslant 1$

$\quad x_1 + x_2 \geqslant 6 \quad$ oder $\quad \frac{x_1}{6} + \frac{x_2}{6} \geqslant 1$

III $\quad x_1 \geqslant 0, x_2 \geqslant 0$

Die einschränkenden Bedingungen können wir leicht auf die Form (1.6) bringen, indem wir die dritte Beziehung mit − 1 multiplizieren. Für die graphische Lösung ist diese Umformung jedoch unnötig. Die zeichnerische Darstellung (Bild 5) zeigt, daß die zulässigen Lösungspunkte im Inneren oder auf dem Rand des Dreiecks ABC liegen. Gleichzeitig sehen wir, daß die Nichtnegativitätsbedingungen in dem Beispiel überflüssig sind.

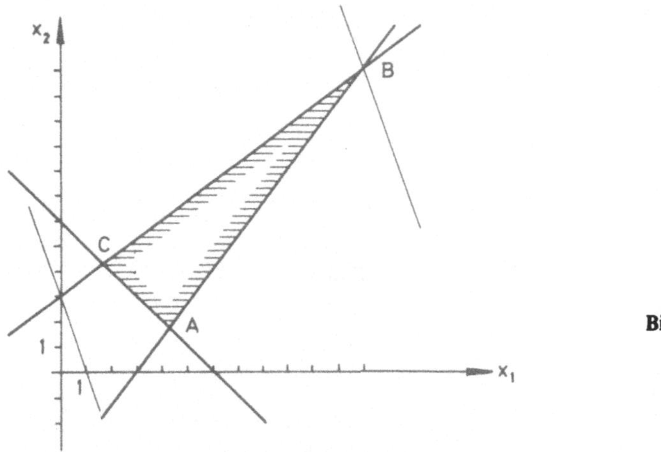

Bild 5

Die optimale Lösung des Beispiels ist : $x_1 = 12$; $x_2 = 12$.

Es kann bei linearen Optimierungsaufgaben auch der Fall eintreten, daß Beziehungen in den einschränkenden Bedingungen und den Nichtnegativitätsbedingungen einander widersprechen. Dann ist die Aufgabe nicht lösbar. Ein Beispiel soll das Gesagte veranschaulichen.

I $\quad Z = p_1 x_1 + p_2 x_2 \rightarrow \max$

II $\quad 3x_1 + 5x_2 \leqslant 15 \quad \text{oder} \quad \frac{x_1}{5} + \frac{x_2}{3} \leqslant 1$

$\quad -4x_1 + 3x_2 \geqslant 12 \quad \text{oder} \quad \frac{x_1}{-3} + \frac{x_2}{4} \geqslant 1$

III $\quad x_1 \geqslant 0 \; ; \; x_2 \geqslant 0$

Das Bild 6 macht deutlich, daß es keinen Punkt gibt, der in allen vier Halbebenen liegt.

Konnten wir im dritten Beispiel (Bild 5) die Nichtnegativitätsbedingungen fortlassen, da sie schon durch die einschränkenden Bedingungen von selbst erfüllt waren,

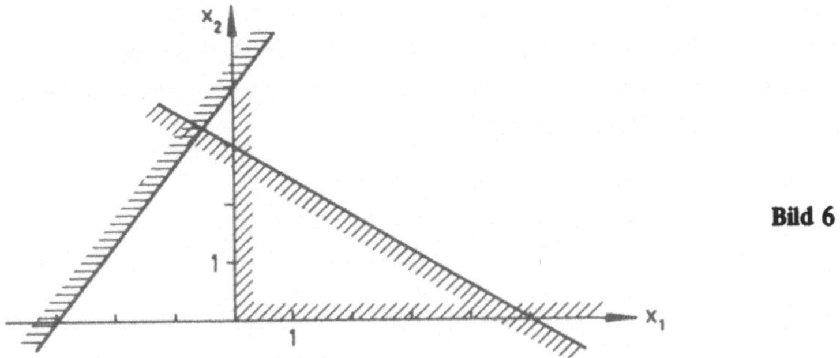

Bild 6

so ist es auch möglich, daß eine einschränkende Bedingung gestrichen werden kann. Wir wählen die Aufgabe:

I $\quad Z = p_1 x_1 + p_2 x_2 \rightarrow \max$

II a) $\quad \frac{x_1}{3} + \frac{x_2}{5} \leqslant 1$

b) $\quad \frac{x_1}{6} + \frac{x_2}{3} \leqslant 1$

c) $\quad \frac{x_1}{8} + \frac{x_2}{6} \leqslant 1$

III $\quad x_1 \geqslant 0 \, ; \; x_2 \geqslant 0$

In dieser Aufgabe kann die Ungleichung II c) weggelassen werden, weil sich hierdurch der Bereich der zulässigen Lösungen nicht ändert.

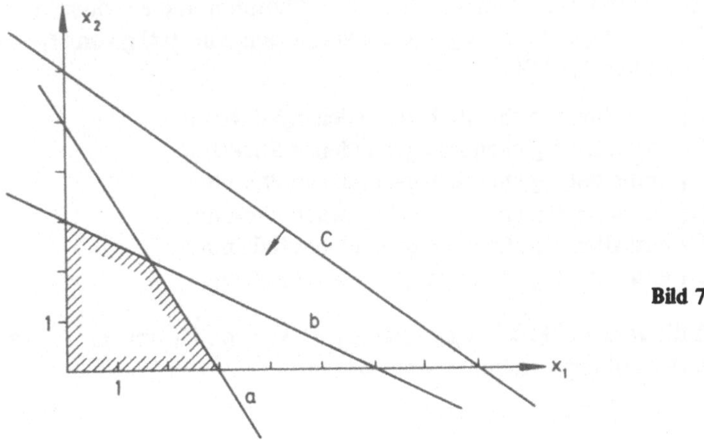

Bild 7

Schließlich gibt es aber auch lineare Optimierungsaufgaben, deren zulässiger Bereich nicht beschränkt ist und die keine maximale Lösung besitzen. In Bild 8 sehen wir, daß es unter der Parallelenschar mit der Darstellung $Z = p_1 x_1 + p_2 x_2$ keine Gerade gibt, die zum größten Wert der Zielfunktion gehört.

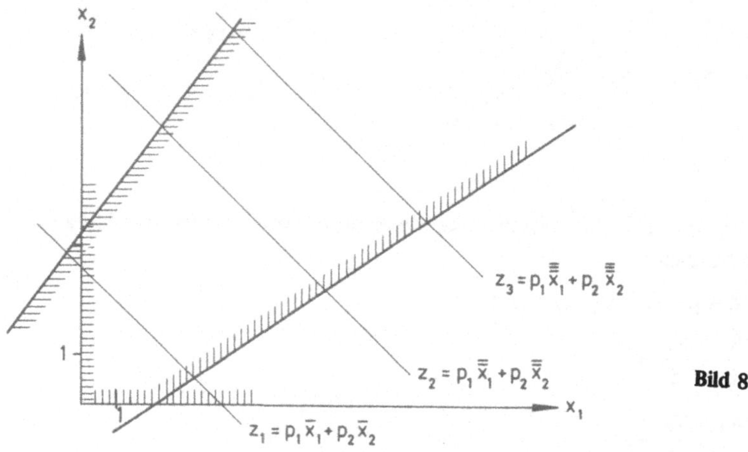

Bild 8

3.3. Graphisches Lösungsverfahren bei einfachen Minimumaufgaben

Neben den im vorherigen Abschnitt betrachteten Maximumaufgaben zählen auch Minimumaufgaben zur linearen Optimierung. An einem einfachen Beispiel soll die graphische Lösung erläutert werden.

Beispiel: Aus zwei Düngemitteln D_1 und D_2 ist eine Mischungseinheit herzustellen, deren Produktionskosten minimal sind. In dieser Einheit sollen die chemisch gebundenen Elemente Stickstoff, Phosphor und Kalzium in den Mindestmengen 48 g, 54 g und 2 g vorhanden sein. 100 g von D_1 bzw. D_2 kosten 1,-- DM.

100 g D_1 enthalten 8 g chemisch gebundenen Stickstoff
100 g D_2 enthalten 6 g chemisch gebundenen Stickstoff
100 g D_1 enthalten 6 g chemisch gebundenen Phosphor
100 g D_2 enthalten 9 g chemisch gebundenen Phosphor
100 g D_1 enthalten 1 g chemisch gebundenes Kalzium
100 g D_2 enthalten 0 g chemisch gebundenes Kalzium

Wir nehmen an, daß die gesuchte Mischungseinheit $x_1 \cdot 100$ g von D_1 und $x_2 \cdot 100$ g von D_2 enthält. Die Herstellungskosten betragen sodann:

I Zielfunktion: $Z = x_1 + x_2 \rightarrow \min$

$x_1 \cdot 100$ g des Düngers D_1 enthalten $8x_1$ g chemisch gebundenen Stickstoff, $6x_1$ g Phosphor und x_1 g Kalzium. Entsprechend sind in $x_2 \cdot 100$ g des Düngers D_2 $6x_2$ g Stickstoff und $9x_2$ g Phosphor chemisch gebunden. Diese Tatsachen liefern uns die folgenden Ungleichungen.

II Einschränkende Bedingungen:

$$8x_1 + 6x_2 \geqslant 48 \quad \text{oder} \quad \frac{x_1}{6} + \frac{x_2}{8} \geqslant 1$$

$$6x_1 + 9x_2 \geqslant 54 \quad \text{oder} \quad \frac{x_1}{9} + \frac{x_2}{6} \geqslant 1$$

$$x_1 \qquad \geqslant 2$$

III Nichtnegativitätsbedingungen:

$$x_1 \geqslant 0, \quad x_2 \geqslant 0.$$

Der Bereich der zulässigen Lösungen ist in Bild 9 durch Schraffur hervorgehoben. Die Zielfunktion $x_2 = -x_1 + Z$ stellt wieder eine Schar paralleler Geraden mit dem Parameter Z dar. Die Funktionen sind für

$Z_1 = 0 \qquad x_2 = -x_1$

$Z_2 = 2 \qquad x_2 = -x_1 + 2$

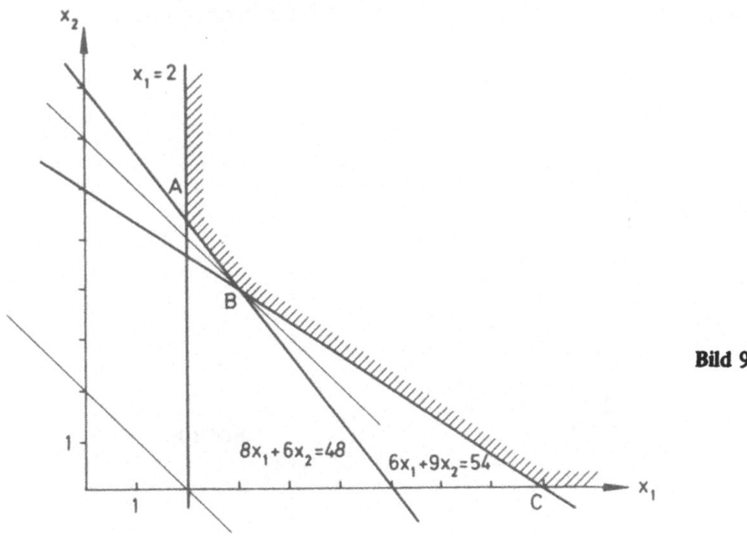

Bild 9

Je kleiner also Z ist, desto dichter liegt die Gerade am Ursprung. Wir müssen demnach aus der Schar paralleler Geraden die Gerade bestimmen, die am dichtesten am Ursprung liegt und noch mindestens einen Punkt des Bereiches der zulässigen Lösungen enthält. Diese Voraussetzung erfüllt die durch B verlaufende Gerade. Wir entnehmen der graphischen Darstellung die optimale Lösung $x_1 = 3$ und $x_2 = 4$. Die gesuchte Düngemittelmischung besteht demnach aus 300 g D_1 und 400 g D_2 und kostet 7,-- DM.

Nun sind wir auch in der Lage, das mathematische Modell einer Minimumaufgabe der linearen Optimierung anzugeben.

I Zielfunktion : $Z = p_1 x_1 + \ldots + p_n x_n \to \min$

II Einschränkende Bedingungen:

$$\begin{aligned} a_{11} x_1 + \ldots + a_{1n} x_n &\geqslant b_1 \\ &\vdots \\ a_{m1} x_1 + \ldots + a_{mn} x_n &\geqslant b_m \end{aligned}$$

III Nichtnegativitätsbedingungen:

$x_i \geqslant 0$ für $i = 1, \ldots, n$.

Abschließend läßt sich sagen, daß das graphische Verfahren zur Lösung linearer Programme mit zwei Variablen geeignet ist. Bei Aufgaben mit drei Variablen ist die Darstellung bedeutend schwieriger. Falls es nämlich zulässige Lösungen gibt, stellt die entsprechende Punktmenge einen Halbraum, ein Polyeder (Vielflächner, Bild 10), eine Gerade, eine Strecke oder einen Punkt dar. Im zweidimensionalen Raum bestimmt jede der Ungleichungen II und III von (1.6) eine Halbebene mit einer

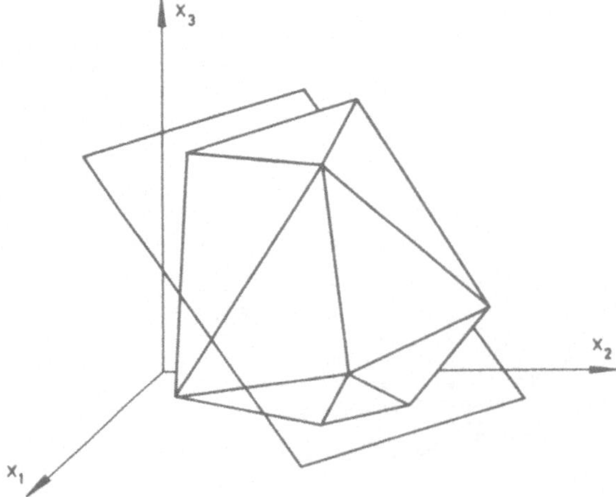

Bild 10

Grenzgeraden ($a_{i1} x_1 + a_{i2} x_2 = b_i$), im dreidimensionalen Raum bereits einen Halbraum mit einer Grenzebene ($a_{i1} x_1 + a_{i2} x_2 + a_{i3} x_3 = b_i$). Analog dem früher Gezeigten ist durch $Z = p_1 x_1 + p_2 x_2 + p_3 x_3$ eine Schar paralleler Ebenen mit dem Parameter Z gegeben. Unter dieser Schar gibt es im allgemeinen zwei sogenannte Stützebenen, die mit dem Bereich der zulässigen Lösungspunkte mindestens einen Punkt gemeinsam haben und die derart liegen, daß sich der Bereich ganz auf einer Seite der Ebene befindet. Wir könnten zeigen, daß die lineare Funktion $Z = p_1 x_1 + p_2 x_2 + p_3 x_3$ bei zwei möglichen Stützebenen den größten Wert auf der einen, den kleinsten Wert auf der anderen Ebene annimmt. Da aber das graphische Verfahren für die Lösung der Optimierungsaufgaben mit drei Variablen viel zu kompliziert ist, wollen wir auf einen Beweis verzichten. Es ist klar, daß eine graphische Darstellung bei mehr als drei Variablen unmöglich ist.

3.4. Lösung der Maximumaufgabe nach dem Simplexverfahren

Während das graphische Verfahren zur Lösung linearer Programmierungsaufgaben nur begrenzt anwendbar ist, gilt das für die im folgenden beschriebene Methode nicht. Es handelt sich hierbei um das 1947 von George B. Dantzig entwickelte Simplexverfahren. Der Name „Simplex" leitet sich von der Form des Bereiches der zulässigen Lösungen ab. Man bezeichnet im n-dimensionalen Raum ein aus n + 1 Eckpunkten gebildetes konvexes Polyeder als einen n-dimensionalen Simplex (eindimensionaler Simplex: Strecke, zweidimensionaler Simplex: Dreieck, dreidimensionaler Simplex: Tetraeder). Dabei nennen wir eine Punktmenge M konvex, wenn mit zwei Punkten P und Q alle Punkte der Verbindungsstrecke $\overline{PQ}$ zu M gehören (Bild 11).

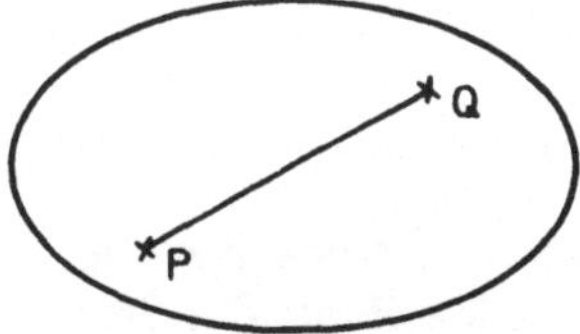

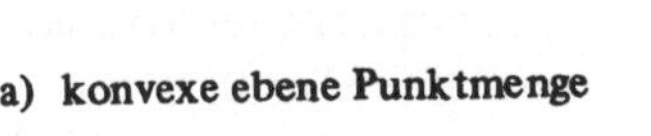

a) konvexe ebene Punktmenge

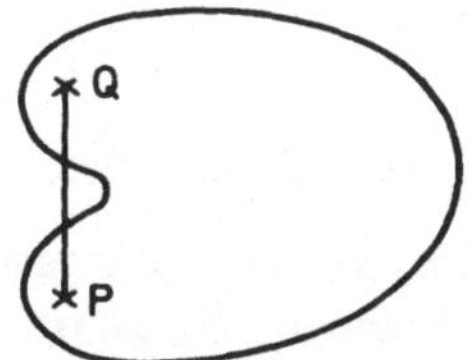

b) nicht konvexe ebene Punktmenge

Bild 11

Ein Punkt P heißt Eckpunkt der Menge M, wenn sich in M keine zwei Punkte P_1 und P_2 finden lassen, so daß P Punkt der Verbindungsstrecke $\overline{P_1 P_2}$ und von P_1 und P_2 verschieden ist. In Bild 11a) ist zum Beispiel nach dieser Definition jeder Randpunkt ein Eckpunkt. Wir wollen in diesem Buch nicht weiter auf den Zusammenhang zwischen der Theorie der linearen Optimierung und der der konvexen Körper eingehen.

Wir wenden uns deshalb dem Simplexverfahren zu und werden den hierbei auftretenden Algorithmus an dem im ersten Abschnitt dieses Kapitels gewählten Beispiel herleiten.

$$\begin{array}{ll} \text{I} & Z = 9x_1 + 14x_2 \rightarrow \max \\ \text{II} & x_1 + 2x_2 \leqslant 8 \\ & x_1 + x_2 \leqslant 6 \\ & x_1 \leqslant 5 \\ & x_2 \leqslant 3 \\ \text{III} & x_1 \geqslant 0; x_2 \geqslant 0 \end{array}$$

Der erste Schritt zur Lösung der Aufgabe besteht darin, die einschränkenden Bedingungen II in die Form von Gleichungen überzuführen. Da die rechten Seiten von II obere Grenzen darstellen, gelingt das durch Einführen sogenannter Schlupfvariabler. So geht die erste der vier Ungleichungen in

$$x_1 + 2x_2 + x_3 = 8 \qquad \text{über,}$$

wobei gefordert wird, daß x_3 nie negativ ist. Entsprechend werden durch Hinzunahme der Schlupfvariablen $x_4 \geqslant 0$, $x_5 \geqslant 0$ und $x_6 \geqslant 0$ die restlichen Ungleichungen in II zu Gleichungen. Damit nehmen II und III die Gestalt

$$\begin{array}{lllllll} \text{II}^* & x_1 + 2x_2 + x_3 & & & & = 8 \\ & x_1 + x_2 & + x_4 & & & = 6 \\ & x_1 & & + x_5 & & = 5 \\ & x_2 & & & + x_6 & = 3 \\ \text{III}^* & \multicolumn{5}{l}{x_1 \geqslant 0, x_2 \geqslant 0, x_3 \geqslant 0, x_4 \geqslant 0, x_5 \geqslant 0, x_6 \geqslant 0 \qquad \text{an.}} \end{array}$$

Wir können x_3, x_4, x_5 und x_6 als Herstellungsmengen von Scheinerzeugnissen S_3, S_4, S_5 und S_6 deuten. Das Erzeugnis S_3 belastet nur die erste Maschine. Der Stoff S_4 wird nur bedruckt, während S_5 nur vom ersten und S_6 nur vom zweiten Arbeiter verpackt werden. Durch die fiktiven Produkte sind die Kapazitäten aller Bereiche der Produktion voll ausgenutzt. Da aber S_3, S_4, S_5 und S_6 nur gedachte Stoffe sind, erzielen sie keinen Umsatz. Wir ordnen ihnen also den Verkaufspreis Null DM zu. Aus Gründen der Zweckmäßigkeit schreiben wir nun anstelle von I

$$\text{I}^* \quad Z = 9x_1 + 14x_2 + 0 \cdot x_3 + 0 \cdot x_4 + 0 \cdot x_5 + 0 \cdot x_6 \rightarrow \max$$

Die Beziehungen I*, II* und III* ergeben die Normalform der Maximumaufgabe. In der im vierten Kapitel folgenden Simplextheorie werden wir zeigen, daß die optimale Lösung von I*, II* und III* gleichzeitig die optimale Lösung von I, II und III liefert.

Nicht alle Lösungen des inhomogenen Gleichungssystems II* erfüllen die Nichtnegativitätsbedingungen. So ist zwar $x_1 = 1, x_2 = 4, x_3 = -1, x_4 = 1, x_5 = 4, x_6 = -1$ eine Lösung von II*, sie ist aber wegen $x_3 < 0$ und $x_6 < 0$ nicht gesucht. Unter den möglichen Lösungen von II* nennen wir diejenigen, die III* befriedigen, zulässige Lösungen. Um den Gaußschen Algorithmus zum Auffinden aller Lösungen von II* anwenden zu können, schreiben wir II* mit Hilfe von Matrizen.

$$\begin{pmatrix} 1 & 2 & 1 & 0 & 0 & 0 \\ 1 & 1 & 0 & 1 & 0 & 0 \\ 1 & 0 & 0 & 0 & 1 & 0 \\ 0 & 1 & 0 & 0 & 0 & 1 \end{pmatrix} \begin{pmatrix} x_1 \\ x_2 \\ x_3 \\ x_4 \\ x_5 \\ x_6 \end{pmatrix} = \begin{pmatrix} 8 \\ 6 \\ 5 \\ 3 \end{pmatrix}$$

Die Spaltenvektoren der einfachen Matrix A des Gleichungssystems seien $a_1, a_2, \ldots, a_6$. Wir sehen sofort, daß der Rang von A gleich vier ist, da die Vektoren a_3, a_4, a_5 und a_6 linear unabhängig sind. Weil nach dem Satz 4.2 des ersten Kapitels mehr als vier Vektoren des vierdimensionalen Vektorraumes stets linear abhängig sind, ist auch der Rang der erweiterten Matrix $\bar{A} = (a_1, \ldots, a_6, b)$ gleich vier. Damit ist das System II* nach dem Satz 1.1 des zweiten Kapitels lösbar. So finden wir beispielsweise:

$$\begin{aligned} x_3 &= 8 - x_1 - 2x_2 \\ x_4 &= 6 - x_1 - x_2 \\ x_5 &= 5 - x_1 \\ x_6 &= 3 - x_2 \end{aligned} \tag{4.1}$$

In Übereinstimmung mit dem Satz 2.1 des zweiten Kapitels können wir 6 – 4 Variable, nämlich x_1 und x_2 willkürlich wählen und daraus die verbleibenden vier Unbekannten $x_3, \ldots, x_6$ bestimmen. Das Auflösen von II* nach vier Variablen gelingt nur dann, wenn die den Unbekannten entsprechenden Spaltenvektoren in A linear unabhängig sind. So hätten wir auch II* nach x_1, x_2, x_4 und x_5 auflösen können.

$$\begin{aligned} x_1 &= 2 - x_3 + 2x_6 \\ x_2 &= 3 - x_6 \\ x_4 &= 1 + x_3 - x_6 \\ x_5 &= 3 + x_3 - 2x_6 \end{aligned} \tag{4.2}$$

Sowohl (4.1) als auch (4.2) liefern uns alle Lösungen von II*. Wir bezeichnen deshalb (4.1) und (4.2) als Basisdarstellungen der allgemeinen Lösung von II*. Da die Vektoren a_1, a_3, a_4 und a_5 linear abhängig sind, können wir II* nicht nach x_1, x_3,

x_4 und x_5 auflösen. Mithin existiert in diesem Fall keine Basisdarstellung. Zu jeder Basisdarstellung gehört eine spezielle Lösung, die wir besonders auszeichnen und Basislösung nennen. Wir gewinnen sie, indem wir die Parameter (in (4.1) x_1 und x_2; in (4.2) x_3 und x_6) Null setzen. Demnach liefert (4.1) die Basislösung $x_1 = x_2 = 0$, $x_3 = 8$, $x_4 = 6$, $x_5 = 5$ und $x_6 = 3$, während zu (4.2) die Basislösung $x_3 = x_6 = 0$, $x_1 = 2$, $x_2 = 3$, $x_4 = 1$ und $x_5 = 3$ gehört. Die Variablen, die wir in der Basislösung von vornherein Null wählen, heißen Nichtbasisvariable. Die übrigen Variablen, denen die linear unabhängigen Spaltenvektoren in A entsprechen, nennen wir Basisvariable. Eine Basislösung ist zulässig, wenn sie die Nichtnegativitätsbedingung III* erfüllt. Folglich sind (0, 0, 8, 6, 5, 3) und (2, 3, 0, 1, 3, 0) zulässige Basislösungen von II*. Weil eine Basisdarstellung der allgemeinen Lösung von II* durch den Gaußschen Algorithmus eindeutig bestimmt ist, ist jeder Basis (in diesem Fall bilden vier linear unabhängige Vektoren aus A eine Basis) eine Basislösung zugeordnet. Wir haben aber nur endlich viele Möglichkeiten, zwei Variable Null zu setzen und die restlichen Unbekannten zu berechnen. Deshalb ist auch die Zahl der zulässigen Basislösungen endlich. In unserem Beispiel sind es weniger als $\binom{6}{2} = \frac{6 \cdot 5}{2} = 15$ Möglichkeiten, da $x_2 = x_6 = 0$ zu keiner Basislösung führt. Wie wir in der Simplextheorie nachweisen werden, ist unter den endlich vielen zulässigen Basislösungen bereits die, welche den maximalen Wert der Zielfunktion liefert.

Beim Simplexverfahren gehen wir nun von einer ersten zulässigen Basislösung aus. Falls diese Lösung noch nicht optimal ist, wählen wir eine neue zulässige Basislösung. Dieses Verfahren setzen wir iterativ fort, bis die gewünschte Lösung gefunden ist.

In unserer Aufgabe ist die erste Basislösung (0, 0, 8, 6, 5, 3). Wir schreiben aus Gründen der Zweckmäßigkeit I* und II* in eine Tabelle, die im rechten unteren Rechteck die Matrix A enthält.

Tabelle 1

		x_1	x_2	x_3	x_4	x_5	x_6
BV	0	9	14	0	0	0	0
x_3	8	1	2	1	0	0	0
x_4	6	1	1	0	1	0	0
x_5	5	1	0	0	0	1	0
x_6	3	0	1	0	0	0	1

Unter BV stehen die Basisvariablen, nämlich x_3, x_4, x_5 und x_6. Die dort nicht aufgeführten Variablen sind in der ersten zulässigen Basislösung Nichtbasisvariable. Neben BV erscheint in der ersten Zeile der Wert der Zielfunktion für $x_1 = x_2 = 0$. Sodann treten die Koeffizienten der Unbekannten in der Zielfunktion I* auf. Die

Zeilen zwei bis fünf entsprechen den einschränkenden Bedingungen. Gleichzeitig können wir in der zweiten Spalte die Werte der Basisvariablen der ersten zulässigen Lösung ablesen:

$$x_3 = 8, x_4 = 6, x_5 = 5, x_6 = 3.$$

Wir erkennen aus der Tabelle 1, daß in jeder Gleichung aus II* genau eine Basisvariable auftritt, während die Zielfunktion nur durch die Nichtbasisvariablen dargestellt wird.

Der Wert der Zielfunktion $Z = 9x_1 + 14x_2$ nimmt sicherlich zu, wenn wir x_1 oder x_2 oder beide positiv wählen. Um zu einer besseren Basislösung zu gelangen, lassen wir erst eine alte Nichtbasisvariable positiv werden. Da der Koeffizient von x_2 in der Zielfunktion größer als der von x_1 ist, wird Z mehr je Einheit der Variablen vergrößert, falls x_2 neue Basisvariable wird[1]). Damit bleibt x_1 weiterhin Nichtbasisvariable. Um die Frage nach der zweiten Nichtbasisvariablen zu beantworten, betrachten wir die einschränkenden Bedingungen für x_2.

$$\begin{aligned} 8 &= x_1 + 2x_2 + x_3 \\ 6 &= x_1 + x_2 \qquad + x_4 \\ 3 &= \qquad x_2 \qquad\qquad + x_6 \end{aligned} \tag{4.3}$$

Wegen $x_i \geqslant 0$ für $i = 1, \ldots, 6$ und $x_1 = 0$ folgt aus der ersten Gleichung $x_2 \leqslant \frac{8}{2}$, aus der zweiten $x_2 \leqslant \frac{6}{1}$ und aus der dritten $x_2 \leqslant \frac{3}{1}$. Der größte verträgliche Wert für x_2 ist somit das Minimum der Zahlen 4, 6, 3. Ist $x_2 = 3$, so wird $x_6 = 0$ und die zweite Nichtbasisvariable ist gefunden. Die neue Basisdarstellung der allgemeinen Lösung von II* besitzt deshalb die Parameter x_1 und x_6. Wir finden sie, indem wir in den ersten beiden Gleichungen in II* die Variable x_2 durch $3 - x_6$ ersetzen (3. Zeile von (4.3)). Zu diesem Zweck multiplizieren wir die letzte Gleichung von II* mit zwei und subtrahieren das Ergebnis von der ersten Bedingung in II*.

$$\begin{aligned} 8 &= x_1 + 2x_2 + x_3 \\ \underline{6} &\underline{= \qquad 2x_2 \qquad + 2x_6} \\ 2 &= x_1 \qquad\quad + x_3 - 2x_6 \end{aligned} \tag{4.4}$$

Ferner subtrahieren wir die letzte Gleichung in II* von der zweiten

$$\begin{aligned} 6 &= x_1 + x_2 + x_4 \\ \underline{3} &\underline{= \qquad x_2 \qquad + x_6} \\ 3 &= x_1 \qquad + x_4 - x_6 \end{aligned} \tag{4.5}$$

[1]) Leider werden wir den Wert der Zielfunktion nicht immer dadurch am günstigsten verbessern, wenn wir die Nichtbasisvariable mit dem größten positiven Koeffizienten in der Zielfunktion als neue Basisvariable wählen.

Die dritte Gleichung in II* bleibt ungeändert, weil sie gar nicht x_2 enthält. Damit lautet die neue Basisdarstellung der allgemeinen Lösung von II*:

$$\begin{aligned} 2 &= x_1 + x_3 - 2x_6 \\ 3 &= x_1 + x_4 - x_6 \\ 5 &= x_1 + x_5 \\ 3 &= x_2 + x_6 \end{aligned} \tag{4.6}$$

oder

$$\begin{aligned} x_3 &= 2 - x_1 + 2x_6 \\ x_4 &= 3 - x_1 + x_6 \\ x_5 &= 5 - x_1 \\ x_2 &= 3 - x_6 \end{aligned}$$

Um schließlich die Zielfunktion durch die neuen Nichtbasisvariablen darzustellen, subtrahieren wir von $Z = 9x_1 + 14x_2$ das 14-fache der letzten Gleichung in II*.

$$\begin{aligned} Z &= 9x_1 + 14x_2 \\ 42 &= 14x_2 + 14x_6 \\ \hline Z - 42 &= 9x_1 - 14x_6 \end{aligned} \tag{4.7}$$

Die Gleichung (4.7) ist eine zweite Darstellung der Zielfunktion und liefert für eine Lösung von II* den gleichen Wert wie I*. Die neue zulässige Basislösung lautet nun $x_1 = 0, x_2 = 3, x_3 = 2, x_4 = 3, x_5 = 5, x_6 = 0$. (4.6) und (4.7) entsprechen dem zweiten Simplextableau der Tabelle 2.

Tabelle 2

		x_1	x_2	x_3	x_4	x_5	x_6	
BV	0	9	14	0	0	0	0	
x_3	8	1	2	1	0	0	0	4
x_4	6	1	1	0	1	0	0	6
x_5	5	1	0	0	0	1	0	–
← x_6	3	0	[1]	0	0	0	1	3
	–42	9	0	0	0	0	–14	
← x_3	2	[1]	0	1	0	0	– 2	2
x_4	3	1	0	0	1	0	– 1	3
x_5	5	1	0	0	0	1	0	5
→ x_2	3	0	1	0	0	0	1	–

Den Übergang von einer Simplextabelle zur nächsten können wir demnach als Übergang von einer Basisdarstellung zur zweiten deuten. In Zukunft benutzen wir nicht mehr die umständlichen Schreibweisen (4.4), (4.5) und (4.6), sondern kürzen sie folgendermaßen ab:

1. Zeile der ersten Tabelle	0	9	14	0	0	0	0
minus 14 mal 5. Zeile der ersten Tabelle	– (42	0	14	0	0	0	14)
1. Zeile der zweiten Tabelle	–42	9	0	0	0	0	–14

2. Zeile der ersten Tabelle	8	1	2	1	0	0	0
minus 2 mal 5. Zeile der ersten Tabelle	– (6	0	2	0	0	0	2)
2. Zeile der zweiten Tabelle	2	1	0	1	0	0	–2

3. Zeile der ersten Tabelle	6	1	1	0	1	0	0
minus 5. Zeile der ersten Tabelle	–(3	0	1	0	0	0	1
3. Zeile der zweiten Tabelle	3	1	0	0	1	0	–1

Während die vierte Zeile der ersten Simplextabelle in die zweite Tabelle übernommen wird, weil x_2 in ihr nicht vorkommt, wird in den fünften Zeilen beider Tabellen lediglich der Variablenaustausch vorgenommen.
Wir fassen die einzelnen Schritte beim Übergang von einem Simplextableau zum nächsten kurz zusammen:

a) Aufsuchen des größten positiven Koeffizienten in der Zielfunktion. Die zugehörige Nichtbasisvariable wird Basisvariable.
b) Quotientenbildung aus den absoluten Gliedern und den positiven Koeffizienten der aufzunehmenden Variablen (vgl. unten). Wahl des Minimums aller Brüche.
c) Die Basisvariable, die in der Gleichung auftritt, welche das in b) gebildete Minimum enthält, wird neue Nichtbasisvariable.
d) Variablenaustausch.

In der neuen Darstellung der Zielfunktion $Z = 42 + 9x_1 - 14x_6$ ist der Koeffizient von x_1 positiv, so daß wir ihren Wert vergrößern, indem wir x_1 positiv wählen. Wiederum darf x_1 nicht beliebig große Werte annehmen, da die einschränkenden Bedingungen (4.6) und die Nichtnegativitätsbedingungen gelten müssen. Für x_1 erhalten wir aus (4.6) folgende Schranken, wenn wir $x_6 = 0$ beachten:

$$2 = x_1 + x_3 - 2x_6 \ : x_1 \leqslant 2$$
$$3 = x_1 + x_4 - \ x_6 \ : x_1 \leqslant 3$$
$$5 = x_1 + x_5 \qquad : x_1 \leqslant 5$$

Damit x_3, x_4 und x_5 nicht negativ werden, muß $x_1 \leqslant \text{Min}\,(2, 3, 5)$ sein. Der größte mögliche Wert von x_2 ist somit 2. Hiermit berechnen wir aus (4.6):

$$x_1 = 2; x_2 = 3; x_3 = 0; x_4 = 1; x_5 = 3; x_6 = 0$$

Wir entfernen nach dem vorher beschriebenen Verfahren aus den Gleichungen 1, 3 und 4 der zweiten Simplextabelle der Tabelle 2 die Basisvariable x_1.

Tabelle 3

		x_1	x_2	x_3	x_4	x_5	x_6	
BV	– 60	0	0	–9	0	0	4	
→ x_1	2	1	0	1	0	0	–2	–
← x_4	1	0	0	–1	1	0	[1]	1
x_5	3	0	0	–1	0	1	2	1,5
x_2	3	0	1	0	0	0	1	3

Der Wert der Zielfunktion $Z = 60 - 9x_3 + 4x_6$ kann verbessert werden, indem die Nichtbasisvariable x_6 Basisvariable wird. Um die ausscheidende Basisvariable zu bestimmen, betrachten wir die einschränkenden Bedingungen der Tabelle 3. Die Beziehung $2 = x_1 + x_3 - 2x_6$ liefert für x_6 keine obere Grenze. Wir können nämlich x_6 beliebig große positive Werte annehmen lassen, da die Bedingungen $x_1 \geqslant 0$ und $x_3 = 0$ hier stets zu erfüllen sind. (vgl. b) oben).

$$\begin{aligned} 1 &= -x_3 + x_4 + x_6 : x_6 \leqslant 1 \\ 3 &= -x_3 + x_5 + 2x_6 : x_6 \leqslant \tfrac{3}{2} \\ 3 &= x_2 + x_6 : x_6 \leqslant 3 \end{aligned}$$

Die kleinste Schranke steht in der Tabelle 3 in der dritten Zeile. Somit wird die bisherige Basisvariable x_4 dieser Gleichung neue Nichtbasisvariable und $x_6 = 1$ Basisvariable. In allen Simplextabellen ist das Element, das im Schnittpunkt der Spalte der in die Basis aufzunehmenden und der Zeile der aus ihr zu entfernenden Variablen steht, umrandet. Nach dem Austausch der Variablen entsteht die Tabelle 4.

Tabelle 4

		x_1	x_2	x_3	x_4	x_5	x_6
BV	–64	0	0	–5	–4	0	0
x_1	4	1	0	–1	2	0	0
→ x_6	1	0	0	–1	1	0	1
x_5	1	0	0	1	–2	1	0
x_2	2	0	1	1	–1	0	0

Die erste Zeile der Tabelle 4 enthält keine positiven Koeffizienten. Wir werden in der Simplextheorie zeigen, daß damit die optimale Lösung

$$x_1 = 4, x_2 = 2, x_3 = 0, x_4 = 0, x_5 = 1, x_6 = 1$$

gefunden ist. Für diese Lösung besitzt die Zielfunktion den maximalen Wert von 64.

Die Tabelle 5 faßt alle Tabellenteile zusammen.

Tabelle 5

		x_1	x_2	x_3	x_4	x_5	x_6	
BV	0	9	14	0	0	0	0	
x_3	8	1	2	1	0	0	0	4
x_4	6	1	1	0	1	0	0	6
x_5	5	1	0	0	0	1	0	–
← x_6	3	0	[1]	0	0	0	1	3
	–42	9	0	0	0	0	–14	
← x_3	2	[1]	0	1	0	0	–2	2
x_4	3	1	0	0	1	0	–1	3
x_5	5	1	0	0	0	1	0	5
→ x_2	3	0	1	0	0	0	1	–
	–60	0	0	–9	0	0	4	
→ x_1	2	1	0	1	0	0	–2	–
← x_4	1	0	0	–1	1	0	[1]	1
x_5	3	0	0	–1	0	1	2	1,5
x_2	3	0	1	0	0	0	1	3
	–64	0	0	–5	–4	0	0	
x_1	4	1	0	–1	2	0	0	
→ x_6	1	0	0	–1	1	0	1	
x_5	1	0	0	1	–2	1	0	
x_2	2	0	1	1	–1	0	0	

Die Übergänge von der ersten Simplextabelle bis zur letzten lassen sich auch geometrisch interpretieren. In dem Bild 3 entspricht der ersten zulässigen Basislösung (0, 0, 8, 6, 5, 3) der Punkt 0 (0, 0). Der zweiten Basislösung (0, 3, 2, 3, 5, 0) ist der Punkt E (0, 3), der dritten (2, 3, 0, 1, 3, 0) der Punkt D (2, 3) und schließlich der vierten Basislösung (4, 2, 0, 0, 1, 1) der Punkt C (4,2) zugeordnet. Wir können also den Übergang von einer Basislösung zur anderen als ein Fortschreiten von einem Eckpunkt des Bereiches der zulässigen Lösungen zum nächsten deuten (0 → E → D → C).

Bemerkung:

Aus der Tabelle 5 erkennen wir, daß das ursprüngliche Gleichungssystem

$$\begin{pmatrix} 1 & 2 & 1 & 0 & 0 & 0 \\ 1 & 1 & 0 & 1 & 0 & 0 \\ 1 & 0 & 0 & 0 & 1 & 0 \\ 0 & 1 & 0 & 0 & 0 & 1 \end{pmatrix} \begin{pmatrix} x_1 \\ x_2 \\ x_3 \\ x_4 \\ x_5 \\ x_6 \end{pmatrix} = \begin{pmatrix} 8 \\ 6 \\ 5 \\ 3 \end{pmatrix} \tag{4.8}$$

mit Hilfe des Simplexverfahrens in das neue System

$$\begin{pmatrix} 1 & 0 & -1 & 2 & 0 & 0 \\ 0 & 0 & -1 & 1 & 0 & 1 \\ 0 & 0 & 1 & -2 & 1 & 0 \\ 0 & 1 & 1 & -1 & 0 & 0 \end{pmatrix} \begin{pmatrix} x_1 \\ x_2 \\ x_3 \\ x_4 \\ x_5 \\ x_6 \end{pmatrix} = \begin{pmatrix} 4 \\ 1 \\ 1 \\ 2 \end{pmatrix} \tag{4.9}$$

übergeführt wurde. Dieser Übergang gelingt auch durch Anwendung der Matrizenrechnung. Multiplizieren wir nämlich (4.8) von links mit der inversen Matrix von

$$A_1 = \begin{pmatrix} 1 & 0 & 0 & 2 \\ 1 & 0 & 0 & 1 \\ 1 & 0 & 1 & 0 \\ 0 & 1 & 0 & 1 \end{pmatrix},$$

so erhalten wir (4.9). Wie wir leicht nachrechnen können, ist

$$A_1^{-1} = \begin{pmatrix} -1 & 2 & 0 & 0 \\ -1 & 1 & 0 & 1 \\ 1 & -2 & 1 & 0 \\ 1 & -1 & 0 & 0 \end{pmatrix}$$ (A_1^{-1} erscheint in der letzten Simplextabelle)

und

$$\begin{pmatrix} -1 & 2 & 0 & 0 \\ -1 & 1 & 0 & 1 \\ 1 & -2 & 1 & 0 \\ 1 & -1 & 0 & 0 \end{pmatrix} \begin{pmatrix} 1 & 2 & 1 & 0 & 0 & 0 \\ 1 & 1 & 0 & 1 & 0 & 0 \\ 1 & 0 & 0 & 0 & 1 & 0 \\ 0 & 1 & 0 & 0 & 0 & 1 \end{pmatrix} = \begin{pmatrix} 1 & 0 & -1 & 2 & 0 & 0 \\ 0 & 0 & -1 & 1 & 0 & 1 \\ 0 & 0 & 1 & -2 & 1 & 0 \\ 0 & 1 & 1 & -1 & 0 & 0 \end{pmatrix},$$

$$\begin{pmatrix} -1 & 2 & 0 & 0 \\ -1 & 1 & 0 & 1 \\ 1 & -2 & 1 & 0 \\ 1 & -1 & 0 & 0 \end{pmatrix} \begin{pmatrix} 8 \\ 6 \\ 5 \\ 3 \end{pmatrix} = \begin{pmatrix} 4 \\ 1 \\ 1 \\ 2 \end{pmatrix}.$$

Im folgenden wollen wir eine zweite Aufgabe mit Hilfe des Simplexverfahrens lösen.

$$\begin{array}{ll} \text{I} & Z = 4x_1 + 2x_2 - 2x_3 \rightarrow \max \\ \text{II} & \begin{array}{lllll} x_1 & & -x_3 & \leqslant 4 \\ x_1 & -x_2 & & \leqslant 2 \\ -x_1 & +x_2 & +x_3 & \leqslant 1 \end{array} \\ \text{III} & x_1 \geqslant 0, x_2 \geqslant 0, x_3 \geqslant 0 \end{array}$$

Durch Einführung der nichtnegativen Schlupfvariablen x_4, x_5 und x_6 gewinnen wir die Normalform der Aufgabe.

$$\begin{array}{ll} \text{I}^* & Z = 4x_1 + 2x_2 - 2x_3 + 0 \cdot x_4 + 0 \cdot x_5 + 0 \cdot x_6 \rightarrow \max \\ \text{II}^* & \begin{array}{lllllll} x_1 & & -x_3 & +x_4 & & & = 4 \\ x_1 & -x_2 & & & +x_5 & & = 2 \\ -x_1 & +x_2 & +x_3 & & & +x_6 & = 1 \end{array} \\ \text{III}^* & x_1 \geqslant 0, x_2 \geqslant 0, x_3 \geqslant 0, x_4 \geqslant 0, x_5 \geqslant 0, x_6 \geqslant 0 \end{array}$$

II* enthält drei Gleichungen mit sechs Variablen. Da der Rang der einfachen Matrix des Gleichungssystems drei ist, finden wir eine erste zulässige Basislösung, indem wir $x_1 = x_2 = x_3 = 0$ wählen. Das folgende Simplexverfahren braucht nicht weiter erklärt zu werden:

Tabelle 6

			x_1	x_2	x_3	x_4	x_5	x_6	
	BV	0	4	2	−2	0	0	0	
	x_4	4	1	0	−1	1	0	0	4
←	x_5	2	[1]	−1	0	0	1	0	2
	x_6	1	−1	1	1	0	0	1	–
		−8	0	6	−2	0	−4	0	
←	x_4	2	0	[1]	−1	1	−1	0	2
→	x_1	2	1	−1	0	0	1	0	–
	x_6	3	0	0	1	0	1	1	–
		−20	0	0	4	−6	2	0	
→	x_2	2	0	1	−1	1	−1	0	–
	x_1	4	1	0	−1	1	0	0	–
←	x_6	3	0	0	[1]	0	1	1	3
		−32	0	0	0	−6	−2	−4	
	x_2	5	0	1	0	1	0	1	
	x_1	7	1	0	0	1	1	1	
→	x_3	3	0	0	1	0	1	1	

Die optimale Lösung heißt demnach

$$x_1 = 7,\ x_2 = 5,\ x_3 = 3,\ x_4 = x_5 = x_6 = 0.$$

Der Wert der Zielfunktion beträgt für diese Lösung

$$Z_{max} = 32.$$

4. Simplextheorie

4.1. Zurückführung von Ungleichungssystemen auf Gleichungssysteme

Gegeben sei ein System von m linearen Ungleichungen mit k Unbekannten.

$$
\begin{aligned}
&a_{11} x_1 + a_{12} x_2 + \ldots + a_{1k} x_k \leqslant b_1 \\
&a_{21} x_1 + a_{22} x_2 + \ldots + a_{2k} x_k \leqslant b_2 \\
&\ldots\ldots\ldots\ldots\ldots\ldots\ldots\ldots \\
&a_{m1} x_1 + a_{m2} x_2 + \ldots + a_{mk} x_k \leqslant b_m
\end{aligned}
\tag{1.1}
$$

Durch das Einführen von m nichtnegativen Zusatzvariablen erhalten wir die Normalform von (1.1).

$$
\begin{aligned}
&a_{11} x_1 + a_{12} x_2 + \ldots + a_{1k} x_k + x_{k+1} && && = b_1 \\
&a_{21} x_1 + a_{22} x_2 + \ldots + a_{2k} x_k && + x_{k+2} && = b_2 \\
&\ldots\ldots\ldots\ldots\ldots\ldots\ldots\ldots\ldots\ldots\ldots \\
&a_{m1} x_1 + a_{m2} x_2 + \ldots + a_{mk} x_k && \qquad + x_{k+m} && = b_m
\end{aligned}
\tag{1.2}
$$

Wir betrachten eine Lösung von (1.1) und zeigen, daß ihr eindeutig eine Lösung von (1.2) entspricht, in der die zusätzlichen Variablen die Bedingung $x_i \geqslant 0$ für $i = k + 1, \ldots, k + m$ erfüllen. Wenn $(x_1^*, x_2^*, \ldots, x_k^*)$ eine Lösung von (1.1) ist, gelten die Ungleichungen

$$
\begin{aligned}
&a_{11} x_1^* + a_{12} x_2^* + \ldots + a_{1k} x_k^* \leqslant b_1 \\
&a_{21} x_1^* + a_{22} x_2^* + \ldots + a_{2k} x_k^* \leqslant b_2 \\
&\ldots\ldots\ldots\ldots\ldots\ldots \\
&a_{m1} x_1^* + a_{m2} x_2^* + \ldots + a_{mk} x_k^* \leqslant b_m \,.
\end{aligned}
$$

Damit sind aber die durch

$$
\begin{aligned}
&x_{k+1}^* = b_1 - a_{11} x_1^* - \ldots - a_{1k} x_k^* \\
&x_{k+2}^* = b_2 - a_{21} x_1^* - \ldots - a_{2k} x_k^* \\
&\ldots\ldots\ldots\ldots\ldots\ldots \\
&x_{k+m}^* = b_m - a_{m1} x_1^* - \ldots - a_{mk} x_k^*
\end{aligned}
\tag{1.3}
$$

definierten Größen $x_{k+1}^*, \ldots, x_{k+m}^*$ nicht negativ. Gleichzeitig sehen wir aus (1.3), daß $(x_1^*, \ldots, x_k^*, x_{k+1}^*, \ldots, x_{k+m}^*)$ eine Lösung des Systems (1.2) ist.

Wir beweisen nun, daß auch jede Lösung $(x_1^*, \ldots, x_{k+m}^*)$ von (1.2), in der die Variablen $x_{k+1}^*, \ldots, x_{k+m}^*$ nicht negativ sind, eine Lösung von (1.1) liefert. Nach Voraussetzung gelten die Gleichungen

$$\begin{array}{llll} a_{11} x_1^* + a_{12} x_2^* + \ldots + a_{1k} x_k^* + x_{k+1}^* & & & = b_1 \\ a_{21} x_1^* + a_{22} x_2^* + \ldots + a_{2k} x_k^* & + x_{k+2}^* & & = b_2 \\ \cdot \quad \cdot \quad \cdot \quad \cdot \quad \cdot \quad \cdot \quad \cdot & & & \\ a_{m1} x_1^* + a_{m2} x_2^* + \ldots + a_{mk} x_k^* & & + x_{k+m}^* & = b_m \;. \end{array}$$

Da $x_{k+1}^* \geqslant 0, \ldots, x_{k+m}^* \geqslant 0$ sind, folgt hieraus die Gültigkeit der Ungleichungen

$$\begin{array}{l} a_{11} x_1^* + a_{12} x_2^* + \ldots + a_{1k} x_k^* \leqslant b_1 \\ a_{21} x_1^* + a_{22} x_2^* + \ldots + a_{2k} x_k^* \leqslant b_2 \\ \cdot \quad \cdot \quad \cdot \quad \cdot \quad \cdot \quad \cdot \quad \cdot \\ a_{m1} x_1^* + a_{m2} x_2^* + \ldots + a_{mk} x_k^* \leqslant b_m \;. \end{array}$$

Es ist demnach $(x_1^*, x_2^*, \ldots, x_k^*)$ eine Lösung von (1.1). Wir haben hierdurch die Lösungen eines Systems linearer Ungleichungen der Form (1.1) eineindeutig den Lösungen eines Systems linearer Gleichungen der Gestalt (1.2) mit nichtnegativen Zusatzvariablen zugeordnet.

4.2. Haupttheorem der Simplextheorie

Um uns von der Richtigkeit des im vierten Abschnitt des dritten Kapitels beschriebenen Simplexalgorithmus zu überzeugen, betrachten wir das mathematische Modell der Maximumaufgabe.

$$\begin{array}{ll} \text{I} & Z_1 = p_1 x_1 + \ldots + p_k x_k \to \max \\ \text{II} & a_{11} x_1 + \ldots + a_{1k} x_k \leqslant b_1 \\ & \cdot \quad \cdot \quad \cdot \quad \cdot \quad \cdot \quad \cdot \\ & a_{m1} x_1 + \ldots + a_{mk} x_k \leqslant b_m \\ \text{III} & x_1 \geqslant 0, \ldots, x_k \geqslant 0 \end{array}$$

Die Normalform dieser Maximumaufgabe lautet

$$\begin{array}{ll} \text{I}^* & Z = p_1 x_1 + \ldots + p_k x_k + 0 \cdot x_{k+1} + \ldots + 0 \cdot x_{k+m} \to \max \\ \text{II}^* & a_{11} x_1 + \ldots + a_{1k} x_k + x_{k+1} \qquad\qquad = b_1 \\ & \cdot \quad \cdot \quad \cdot \quad \cdot \quad \cdot \quad \cdot \quad \cdot \quad \cdot \\ & a_{m1} x_1 + \ldots + a_{mk} x_k \qquad + x_{k+m} \quad = b_m \\ \text{III}^* & x_1 \geqslant 0, \ldots, x_{k+m} \geqslant 0 \end{array}$$

oder mit Hilfe von Matrizen

$$\text{I}^* \qquad Z = p'\,x \to \max$$

$$\text{II}^* \qquad Ax = b$$

$$\text{III}^* \qquad x \geqslant 0$$

Nachdem wir oben bewiesen haben, daß die Lösungen von II und II* einander umkehrbar eindeutig zugeordnet sind, sobald die Schlupfvariablen in II* nicht negativ sind, müssen wir jetzt zeigen, daß der optimalen Lösung von I*, II*, III* die optimale Lösung von I, II, III entspricht. Ist $(\overline{x}_1, \ldots, \overline{x}_{k+m})$ die optimale Lösung von I*, II* und III*, so gilt

$$Z_{max} = p_1\,\overline{x}_1 + \ldots + p_k\,\overline{x}_k + 0 \cdot \overline{x}_{k+1} + \ldots + 0 \cdot \overline{x}_{k+m} \ .$$

Es sei $(x_1^*, \ldots, x_k^*)$ eine Lösung von I, II, III. Dann ist

$$Z_1\,(x_1^*, \ldots, x_k^*) = p_1\,x_1^* + \ldots + p_k\,x_k^* \ .$$

Zum Lösungsvektor $(x_1^*, \ldots, x_k^*)$ gehört ein solcher von I*, II* und III*, nämlich $(x_1^*, \ldots, x_k^*, x_{k+1}^*, \ldots, x_{k+m}^*)$. Der Wert der Zielfunktion ist

$$Z = p_1\,x_1^* + \ldots + p_k\,x_k^* + 0 \cdot x_{k+1}^* + \ldots + 0 \cdot x_{k+m}^* \leqslant Z_{max} \ .$$

Dann ist aber $p_1\,x_1^* + \ldots + p_k\,x_k^* \leqslant p_1\,\overline{x}_1 + \ldots + p_k\,\overline{x}_k$, und es ist somit $(\overline{x}_1, \ldots, \overline{x}_k)$ optimale Lösung von I, II und III. Umgekehrt können wir leicht zeigen, daß der optimalen Lösung von I, II und III diejenige von I*, II* und III* entspricht. Der einfache Beweis sei dem Leser überlassen.

Aus Gründen der Zweckmäßigkeit setzen wir k + m = n und symmetrisieren die Matrix A des Gleichungssystems II*, indem wir II* als

$$\begin{aligned} a_{11}\,x_1 + \ldots + a_{1n}\,x_n &= b_1 \\ a_{21}\,x_1 + \ldots + a_{2n}\,x_n &= b_2 \\ \cdot \quad \cdot \quad \cdot \quad &\cdot \quad \cdot \\ a_{m1}\,x_1 + \ldots + a_{mn}\,x_n &= b_m \end{aligned} \tag{2.1}$$

oder

$$Ax = b \qquad \text{schreiben.}$$

Wir suchen nun unter den Lösungen von II* nur solche heraus, die auch III* erfüllen.

Definition: Eine Lösung von Ax = b mit $x \geqslant 0$ heißt zulässige Lösung.

Da der Rang von A gleich m ist, können wir in A m linear unabhängige Spaltenvektoren finden. Durch Umbenennung der Variablen in I*, II* und III* dürfen wir ohne Einschränkung der Allgemeinheit annehmen, daß die ersten m Spaltenvektoren in A linear unabhängig sind.

$$\begin{pmatrix} a_{11} \dots & a_{1m} \dots & a_{1n} \\ \vdots & & \\ a_{m1} \dots & a_{mm} \dots & a_{mn} \end{pmatrix} = (a_1, \dots, a_m, \dots, a_n)$$

Eine Menge von m linear unabhängigen Spaltenvektoren nennen wir eine Basis. Die zu diesen Vektoren gehörenden Variablen heißen Basisvariable, alle übrigen Nichtbasisvariable. In der ersten Basis $a_1, \dots, a_m$ sind demnach $x_1, \dots, x_m$ Basisvariable und $x_{m+1}, \dots, x_n$ Nichtbasisvariable. Wegen der linearen Unabhängigkeit der Vektoren $a_1, \dots, a_m$ existiert die $A_1 = (a_1, \dots, a_m)$ entsprechende inverse Matrix A_1^{-1}. Abkürzend setzen wir

$$A = \left(\begin{array}{ll|ll} a_{11} & \dots a_{1m} & a_{1,m+1} & \dots a_{1n} \\ \vdots & & & \\ a_{m1} & \dots a_{mm} & a_{m,m+1} & \dots a_{mn} \end{array}\right) = (A_1 \vdots A_2) ,$$

$$x' = (x_1, \dots, x_m \vdots x_{m+1}, \dots, x_n) = (\bar{x}_1' \vdots \bar{x}_2') ,$$

$$p' = (p_1, \dots, p_m \vdots p_{m+1}, \dots, p_n) = (p_1' \vdots p_2') .$$

Damit lassen sich die Zielfunktion I^* und die einschränkenden Bedingungen II^* wie folgt schreiben:

$$Z = p_1' \bar{x}_1 + p_2' \bar{x}_2 \tag{2.2}$$

$$A_1 \bar{x}_1 + A_2 \bar{x}_2 = b \tag{2.3}$$

Wir multiplizieren (2.3) von links mit A_1^{-1} und erhalten für $\bar{x}_1$

$$\bar{x}_1 = A_1^{-1} b - A_1^{-1} A_2 \bar{x}_2 \ . \tag{2.4}$$

Setzen wir diesen Ausdruck in (2.2) ein, so gewinnen wir die nur durch die Nichtbasisvariablen ausgedrückte Zielfunktion Z_N.

$$Z(x) = Z_N(x) = p_1' A_1^{-1} b + (p_2' - p_1' A_1^{-1} A_2) \bar{x}_2 \tag{2.5}$$

Aus der Gleichung (2.4) erhalten wir alle Lösungen von $Ax = b$, wenn wir für die Komponenten des Vektors $\bar{x}_2$ beliebige reelle Zahlenwerte wählen. Unter diesen Lösungen, die nicht alle zulässig sind, zeichnen wir eine besonders aus. Es ist diejenige, in der sämtliche Nichtbasisvariablen Null sind. Damit ist jeder Basis B genau eine ausgezeichnete Lösung, die sogenannte Basislösung x_B, zugeordnet.

$$x_B' = (x_1^*, \dots, x_m^*, 0, \dots, 0)$$

Im allgemeinen werden sicherlich einige Basislösungen gegen die Forderung $x \geqslant 0$ verstoßen.

Definition: Eine Basislösung, für die $x_B \geqslant 0$ gilt, heißt zulässige Basislösung.

Da wir aus den n Vektoren $a_1, \ldots, a_n$ höchstens $\binom{n}{m}$ m-elementige Teilmengen bilden können, deren Elemente m linear unabhängige Vektoren sind und jeder Basis genau eine Basislösung entspricht, gibt es nur endlich viele Basislösungen und somit auch nur endlich viele zulässige Basislösungen (höchstens $\binom{n}{m}$). Das im vierten Abschnitt des dritten Kapitels benutzte Haupttheorem der Simplextheorie heißt:

Satz 2.1: Es sei $x_B = (x_1^{**}, \ldots, x_m^{**}, 0, \ldots, 0)$ eine zulässige Basislösung von $Ax = b$ und es gelte in

$$Z_N = p_1' A_1^{-1} b + (p_2' - p_1' A_1^{-1} A_2) \bar{x}_2$$

$$p_2' - p_1' A_1^{-1} A_2 \leqslant 0'.$$

Dann ist x_B eine maximale Lösung.

Beweis: Es sei $x^{*\prime} = (x_1^*, \ldots, x_m^* \vdots x_{m+1}^*, \ldots, x_n^*) = (\bar{x}_1^{*\prime} \vdots \bar{x}_2^{*\prime})$ eine beliebige zulässige Lösung von $Ax = b$.
Dann gilt nach (2.5)

$$Z(x^*) = Z_N(x^*) = p_1' A_1^{-1} b + (p_2' - p_1' A_1^{-1} A_2) \bar{x}_2^* \leqslant$$

$$\leqslant p_1' A_1^{-1} b = Z_N(x_B) \quad .$$

Wegen $x \geqslant 0$ und $p_2' - p_1' A_1^{-1} A_2 \leqslant 0'$ ist nämlich $(p_2' - p_1' A_1^{-1} A_2) \bar{x}_2^* \leqslant 0$.
Zum anderen ist $Z_N(x_B) = p_1' A_1^{-1} b$, da $\bar{x}_2 = 0$ ist.

Dieser Satz liefert eine hinreichende Bedingung für die Optimalität einer Lösung. Wir werden später sehen, daß die Bedingung nicht notwendig erfüllt sein muß (vgl. Entartung, Abschnitt 4).

4.3. Beweis des Simplexalgorithmus

Der Satz 2.1 legt es uns nahe, die endlich vielen zulässigen Basislösungen zu betrachten. Das Verfahren zur Bestimmung der optimalen Lösung soll im folgenden begründet werden. Zum besseren Verständnis schreiben wir (2.4) und (2.5) ausführlicher.

$$\begin{aligned} b_1^* &= x_1 + c_{1,m+1} x_{m+1} + \ldots + c_{1n} x_n \\ b_2^* &= x_2 + c_{2,m+1} x_{m+1} + \ldots + c_{2n} x_n \\ &\cdot \quad \cdot \quad \cdot \quad \cdot \quad \cdot \quad \cdot \\ b_m^* &= x_m + c_{m,m+1} x_{m+1} + \ldots + c_{mn} x_n \end{aligned} \tag{3.1}$$

$$Z(x) = Z_N(x) = c + d_{m+1} x_{m+1} + \ldots + d_n x_n \tag{3.2}$$

Dabei sind:

$$\begin{pmatrix} b_1^* \\ b_2^* \\ \vdots \\ b_m^* \end{pmatrix} = A_1^{-1}\, b; \quad \begin{pmatrix} c_{1,\,m+1} & \cdots & c_{1n} \\ \cdot & & \cdot \\ \cdot & & \cdot \\ \cdot & & \cdot \\ c_{m,m+1} & \cdots & c_{mn} \end{pmatrix} = A_1^{-1}\, A_2\,;$$

$$c = p_1'\, A_1^{-1}\, b; \; p_2' - p_1'\, A_1^{-1}\, A_2 = (d_{m+1}, \ldots, d_n)\,.$$

Eine erste zulässige Basislösung existiert nun immer für den Fall, daß $b_i^* \geqslant 0$ für $i = 1, \ldots, m$ gilt. Wir werden in dem Abschnitt über das Auffinden einer ersten zulässigen Lösung sehen, daß die Bedingung $b_i^* \geqslant 0$ für $i = 1, \ldots, m$ stets zu erfüllen ist.

Mit $b_i^* \geqslant 0$ ist

$$x_B = (x_1, \ldots, x_m, 0, \ldots, 0) \text{ mit } x_i = b_i^* \text{ für } i = 1, \ldots, m$$

eine erste zulässige Basislösung.

Die (3.1) und (3.2) entsprechende Simplextabelle hat jetzt die Gestalt:

		x_1	x_2	$\ldots$	x_{m-1}	x_m	x_{m+1}	$\ldots x_l$	$\ldots x_n$
BV	$-c$	0	0	$\ldots$		0	d_{m+1}	$\ldots d_l$	$\ldots d_n$
x_1	b_1^*	1	0	$\ldots$		0	$c_{1,\,m+1}$	$\ldots c_{1l}$	$\ldots c_{1n}$
x_2	b_2^*	0	1	0 $\ldots$		0	$c_{2,\,m+1}$	$\ldots c_{2l}$	$\ldots c_{2n}$
$\vdots$	$\vdots$	$\vdots$				$\vdots$			
x_{m-1}	b_{m-1}^*	0 $\ldots$		0	1	0	$c_{m-1,\,m+1} \cdots$	$c_{m-1,l}$	$\ldots c_{m-1,n}$
x_m	b_m^*	0 $\ldots$			0	1	$c_{m,\,m+1}$	$\ldots c_{ml}$	$\ldots c_{mn}$

(3.3)

Im folgenden können wir drei Fälle unterscheiden:

a) In (3.2) und damit auch in der der Zielfunktion in der Tabelle zugeordneten Zeile sind alle $d_j \leqslant 0$ für $j = m + 1, \ldots, n$. Nach dem Satz 2.1 ist x_B sodann die gesuchte maximale Lösung.

Sollte wenigstens einer der Koeffizienten $d_{m+1}, \ldots, d_n$ positiv sein, z.B. $d_l > 0$ mit $m + 1 \leqslant l \leqslant n$, versuchen wir den Wert der Zielfunktion dadurch zu vergrößern, daß wir zu einer besseren Lösung von $Ax = b$ übergehen. Das wäre sicherlich dann möglich, wenn wir $x_{m+1} = \ldots = x_{l-1} = x_{l+1} = \ldots = x_n = 0$ beibehalten könnten und $x_l > 0$ derart wählen, daß keine der Variablen $x_1, x_2, \ldots, x_m$ negativ wird. Hierbei wäre nämlich

$$Z(x_{neu}) = Z_N(x_{neu}) = c + d_l x_l > c = Z(x_B).$$

b) Wir betrachten zunächst die Möglichkeit, bei der in (3.1) und damit in der obigen Simplextabelle alle $c_{il} \leqslant 0$ für $i = 1, \ldots, m$ sind. Um den größten zulässigen Wert von x_l, den wir K nennen wollen, zu finden, verwenden wir (3.1). Für $x_{m+1} = \ldots = x_{l-1} = x_{l+1} = \ldots = x_n = 0$ erhalten wir unter Berücksichtigung von $c_{il} \leqslant 0$ für $i = 1, \ldots, m$

$$\begin{aligned} x_1 &= b_1^* - c_{1l}\, K > 0 \\ x_2 &= b_2^* - c_{2l}\, K > 0 \\ &\ldots\ldots\ldots \\ x_m &= b_m^* - c_{ml}\, K > 0 \\ x_l &= K > 0 \quad . \end{aligned}$$

Wir sehen, daß für jede Wahl von $x_l = K$ die Variablen $x_1, x_2, \ldots, x_m, x_l$ positiv sind und also $\bar{x} = (b_1^* - c_{1l} K, b_2^* - c_{2l} K, \ldots, b_m^* - c_{ml} K, 0, \ldots, 0, K, 0, \ldots, 0)$ eine zulässige Lösung von $Ax = b$ ist. Ferner folgt aus (3.2)

$$Z(\bar{x}) = Z_N(\bar{x}) = c + d_l K > Z(x_B).$$

Nach dem vorher Gesagten kann $K > 0$ beliebig groß gewählt werden, so daß mit $K \to \infty$ auch der Wert der Zielfunktion über alle Grenzen wächst. Es gibt also keinen maximalen Z-Wert, das heißt, die Aufgabe ist nicht lösbar.

c) Es sei wieder $d_l > 0$ für $m + 1 \leqslant l \leqslant n$, und es gelte für wenigstens ein i mit $1 \leqslant i \leqslant m$ $c_{il} > 0$. Wir versuchen wie vorher, den Wert der Zielfunktion zu vergrößern, indem wir den größtmöglichen x_l-Wert wählen, der mit $Ax = b$ und $x \geqslant 0$ verträglich ist. Diesen maximalen Wert von x_l nennen wir K. Setzen wir weiterhin $x_j = 0$ für $j = m + 1, \ldots, l - 1, l + 1, \ldots, n$, so ergibt (3.1)

$$\begin{aligned} x_1 &= b_1^* - c_{1l}\, K \\ x_2 &= b_2^* - c_{2l}\, K \\ &\ldots\ldots \\ x_m &= b_m^* - c_{ml}\, K \quad . \end{aligned}$$

Ist nun $c_{il} > 0$ für gewisse $i = 1, \ldots, m$, so kann wegen $x_i \geqslant 0$ für $i = 1, \ldots, m$ K höchstens gleich dem Minimum der Zahlen $\frac{b_i^*}{c_{il}}$ mit $c_{il} > 0$ werden.

Es sei $K = \min\limits_{\substack{i \\ c_{il} > 0}} \dfrac{b_i^*}{c_{il}}$.

Wir beschränken uns zunächst auf den Fall, daß das Minimum genau einmal angenommen wird. Ebenso nehmen wir im folgenden an, daß alle $b_i^* > 0$ für $i = 1, \ldots, m$ sind. Den Tatbestand, daß $\min\limits_{c_{il} > 0} \dfrac{b_i^*}{c_{il}}$ nicht eindeutig bestimmt oder daß wenigstens ein $b_i^* = 0$ ist, untersuchen wir im Teil d) (Entartung). Wir erhalten jetzt

$$K = \min_{\substack{i \\ c_{il} > 0}} \frac{b_i^*}{c_{il}} = \frac{b_q^*}{c_{ql}} \quad , \ 1 \leqslant q \leqslant m \ .$$

Um die alte Basisvariable zu finden, die neben $x_{m+1}, \ldots, x_{l-1}, x_{l+1}, \ldots, x_n$ neue Nichtbasisvariable wird, betrachten wir (3.1):

$$x_q = b_q^* - c_{ql} \cdot K = 0$$

$$x_i = b_i^* - c_{il} \cdot K > 0 \text{ für } i = 1, \ldots, q-1, q+1, \ldots, m$$

$$x_l = K > 0$$

Die neue zulässige Basislösung lautet demnach

$$x'_{neu} = (x_1, \ldots, x_{q-1}, 0, x_{q+1}, \ldots, x_m, 0, \ldots, 0, x_l, 0, \ldots, 0).$$

Wir beweisen nun noch, daß diese Lösung eine zulässige Basislösung ist, d.h., daß die Spaltenvektoren $a_1, \ldots, a_{q-1}, a_{q+1}, \ldots, a_m, a_l$ von A linear unabhängig sind. Aus (3.3) erkennen wir die Gültigkeit der Beziehung

$$a_l = \sum_{i=1}^{m} c_{il} \, a_i \ , \tag{3.4}$$

wobei nach obiger Voraussetzung c_{ql} $(1 \leqslant q \leqslant m)$ positiv ist. Nehmen wir zunächst an, daß $a_1, \ldots, a_{q-1}, a_{q+1}, \ldots, a_m, a_l$ linear abhängig sind, so gibt es einen Ansatz der Form

$$\sum_{\substack{i=1 \\ i \neq q}}^{m} t_i \, a_i + t_l \, a_l = 0 \ , \tag{3.5}$$

in welchem nicht alle t_j mit $j = 1, \ldots, q-1, q+1, \ldots, m, l$ verschwinden. Durch Einsetzen von (3.4) in (3.5) gewinnen wir

$$\sum_{\substack{i=1 \\ i \neq q}}^{m} t_i a_i + t_l \sum_{i=1}^{m} c_{il} a_i = 0 \ , \quad \text{also}$$

$$\sum_{\substack{i=1 \\ i \neq q}}^{m} (t_i + t_l c_{il}) a_i + t_l c_{ql} a_q = 0 \ .$$

Da nach Voraussetzung $a_1, \ldots, a_m$ linear abhängig sind, folgt $t_l c_{ql} = 0$, was wegen $c_{ql} > 0$ $t_l = 0$ ergibt und damit $t_i = 0$ für $i = 1, \ldots, q-1, q+1, \ldots, m$. Das steht aber im Widerspruch zu der Annahme, daß nicht alle t_j ($j = 1, \ldots, q-1, q+1, \ldots, m, l$) verschwinden. Die Annahme der linearen Abhängigkeit der Vektoren $a_1, \ldots, a_{q-1}, a_{q+1}, \ldots, a_m, a_l$ ist demnach falsch und $x'_{neu} = (x_1, \ldots, x_{q-1}, 0, x_{q+1}, \ldots, x_m, 0, \ldots, 0, K, 0, \ldots, 0)$ ist eine neue zulässige Basislösung, für die

$$Z(x_{neu}) = c + d_l K > Z(x_B) \tag{3.6}$$

gilt.

Um die zu den Vektoren $a_1, \ldots, a_{q-1}, a_{q+1}, \ldots, a_m, a_l$ gehörende Basisdarstellung der allgemeinen Lösung von $Ax = b$ zu finden, lösen wir die q-te Gleichung in (3.1) nach x_l auf, was wegen $c_{ql} > 0$ möglich ist.

$$x_l = \frac{b_q^*}{c_{ql}} - \frac{c_{q,m+1}}{c_{ql}} x_{m+1} - \ldots - \frac{1}{c_{ql}} x_q - \ldots - \frac{c_{qn}}{c_{ql}} x_n$$

Diesen Ausdruck setzen wir für x_l in die Zielfunktion und die 1., …, q − 1., q + 1., …, m. Gleichung von (3.1) ein, wodurch wir eine neue Basisdarstellung von $Ax = b$ mit neuen b_i^* und c_{ik} gewinnen. Das Übertragen der vorstehend beschriebenen Schritte auf die Simplextabelle (3.3) bedarf keiner weiteren Erläuterung.

Für die neue Basislösung können wiederum drei Fälle eintreten:

α) Das Maximum ist erreicht und das Verfahren wird abgebrochen.

β) Es ist kein Maximum vorhanden.

γ) Die alte Basis wird gegen die neue ausgetauscht und dadurch der Wert der Zielfunktion vergrößert.

Der Simplexalgorithmus wird jetzt solange fortgesetzt, bis keiner der Koeffizienten der Zielfunktion, die durch die jeweiligen Nichtbasisvariablen ausgedrückt ist, positiv ist. Sodann ist die optimale Lösung gefunden. Würden nämlich nicht alle Koeffizienten in der Zielfunktion Null oder negativ werden, so könnten wir ständig die Basis wechseln. Da es aber nach dem früher Gezeigten nur endlich viele Basen gibt, müßten wir in einen Basenzyklus geraten. Wir zeigen, daß das unmöglich ist, falls stets der behandelte Fall c) vorliegt. Jeder benötigten Basis B_i ist genau ein Wert der Zielfunktion c_i zugeordnet. Nun ist analog (3.6)

$$c_{i+1} > c_i \quad ,$$

so daß die Folge der c_i streng monoton wächst. Deshalb ist auch $c_h > c_g$ für $h > g$ und der Basenzyklus

$$B_1 \to B_2 \to \ldots \to B_g \to \ldots \to B_h = B_g \to \ldots$$

kann nicht auftreten. Wir haben hierdurch den folgenden Satz bewiesen:

Satz 3.1: Für das Vorliegen einer optimalen zulässigen Basislösung einer nicht entarteten Aufgabe ist notwendig und hinreichend, daß in der durch die Nichtbasisvariablen dargestellten Zielfunktion keine positiven Koeffizienten auftreten.

Wir werden im Abschnitt 4.4 anhand eines Beispiels zeigen, daß dieser Satz beim Auftreten einer Entartung falsch ist. Da das geschilderte Verfahren nur die Alternativen zuläßt, daß entweder eine optimale zulässige Basislösung existiert oder die Aufgabe nicht lösbar ist, gilt zusätzlich der

Satz 3.2: Besitzt eine Maximumaufgabe, die auf keiner Stufe des Iterationsverfahrens entartet, eine optimale Lösung, so gibt es auch eine optimale zulässige Basislösung.

d) Für den Beweis eines noch zu beschreibenden Lösungsverfahrens im Falle der Entartung (man vergleiche c) und unten) benötigen wir drei Hilfssätze.

Satz 3.3: Ist in einem Polynom $f(\epsilon) = a_0 + a_1 \epsilon + a_2 \epsilon^2 + \ldots + a_n \epsilon^n$ der erste nicht verschwindende Koeffizient a_i positiv, so gibt es eine reelle Zahl $\vartheta > 0$ derart, daß $f(\epsilon) > 0$ für $0 < \epsilon < \vartheta$ gilt.

Beweis: Es seien $a_0 = a_1 = \ldots = a_{i-1} = 0$ und $a_i > 0$. Wir bestimmen zunächst den größten Wert der Zahlen $|a_{i+1}|, |a_{i+2}|, \ldots, |a_n|$ und nennen ihn M, d. h.

$$M = \max_{j=i+1,\ldots,n} |a_j| \, .$$

Dann ist sicherlich

$$\begin{aligned} f(\epsilon) &= a_i \epsilon^i + a_{i+1} \epsilon^{i+1} + \ldots + a_n \epsilon^n \\ &= \epsilon^i \left[a_i + a_{i+1} \epsilon + \ldots + a_n \epsilon^{n-i} \right] \\ &\geqslant \epsilon^i \left[a_i - M(\epsilon + \epsilon^2 + \ldots + \epsilon^{n-i}) \right] \quad . \end{aligned}$$

Aus $0 < \epsilon < 1$ folgt $\epsilon^K \leqslant \epsilon$ für $k = 1,2,\ldots, n\text{-}i$.

Somit wird

$$f(\epsilon) \geqslant \epsilon^i \left[a_i - M(n-i)\,\epsilon\right].$$

Falls nun $M(n-i) = 0$ ist, können wir $\vartheta = 1$ wählen, und es ist $f(\epsilon) > 0$ für $0 < \epsilon < \vartheta$.

Andernfalls muß

$$\vartheta = \min\left(1, \frac{a_i}{M(n-i)}\right)$$

sein, damit $f(\epsilon) > 0$ für $0 < \epsilon < \vartheta$ gilt.

Satz 3.4: Ist in einem Polynom $f(\epsilon) = a_0 + a_1\epsilon + a_2\epsilon^2 + \ldots + a_n\epsilon^n$ der erste nicht verschwindende Koeffizient a_i negativ, so existiert eine Zahl $\vartheta > 0$ derart, daß $f(\epsilon) < 0$ für $0 < \epsilon < \vartheta$ gilt.

Beweis: Es seien $a_0 = a_1 = \ldots = a_{i-1} = 0$ und $a_i < 0$. Sind $M = \max\limits_{j=i+1,\ldots,n} |a_j|$ und $0 < \epsilon < 1$, so wird

$$\begin{aligned} f(\epsilon) &= \epsilon^i\left[-|a_i| + a_{i+1}\epsilon + \ldots + a_n\epsilon^{n-i}\right] \\ &\leqslant \epsilon^i\left[-|a_i| + M(\epsilon + \ldots + \epsilon^{n-i})\right] \end{aligned}$$

oder

$$f(\epsilon) \leqslant \epsilon^i\left[-|a_i| + M(n-i)\,\epsilon\right].$$

Ist $M(n-i) = 0$, wird $f(\epsilon) < 0$ für $0 < \epsilon < 1$.

Falls $M(n-i) \neq 0$ sein sollte, muß

$$\vartheta = \min\left(1, \frac{|a_i|}{M(n-i)}\right)$$

gelten, damit stets $f(\epsilon) < 0$ für $0 < \epsilon < \vartheta$ wird.

Satz 3.5: Es seien $f_1(\epsilon) = a_0 + a_1\epsilon + \ldots + a_n\epsilon^n$ und $f_2(\epsilon) = b_0 + b_1\epsilon + \ldots + b_n\epsilon^n$. Wenn $a_0 = b_0, a_1 = b_1, \ldots, a_{i-1} = b_{i-1}$ und $a_i < b_i$ sind, dann gibt es ein $\vartheta > 0$ derart, daß für $0 < \epsilon < \vartheta$ stets $f_1(\epsilon) < f_2(\epsilon)$ ist.

Beweis: Wir bilden

$$f(\epsilon) = f_2(\epsilon) - f_1(\epsilon) = b_0 - a_0 + (b_1 - a_1)\epsilon + \ldots + (b_i - a_i)\epsilon^i + \ldots + (b_n - a_n)\epsilon^n.$$

Nach der Voraussetzung des Satzes 3.5 ist der erste nicht verschwindende Koeffizient einer ϵ-Potenz von $f(\epsilon)$ positiv. Damit existiert nach dem Satz 3.3 ein $\vartheta > 0$, so daß für $0 < \epsilon < \vartheta$ $f(\epsilon) > 0$, also $f_1(\epsilon) < f_2(\epsilon)$ ist.

Es bleibt nun noch der Fall zu betrachten, bei dem auf irgendeiner Stufe des Simplexverfahrens zwar mindestens ein Koeffizient d_l in der durch die Nichtbasisvariablen ausgedrückten Zielfunktion positiv ist und ein $c_{il} > 0$ ist, aber ein $b_j = 0$ für $1 \leqslant j \leqslant m$ ist oder das Minimum der Quotienten $\frac{b_i}{c_{il}}$ mit $c_{il} > 0$ nicht eindeutig bestimmt werden kann. Tritt eine dieser beiden Möglichkeiten ein, heißt die Aufgabe entartet. Um auch in diesem Fall über die Lösbarkeit bzw. Nichtlösbarkeit entscheiden zu können, untersuchen wir eine dem primalen Maximumproblem benachbarte Aufgabe, bei der eine Entartung ausgeschlossen werden kann. Wir ersetzen im ursprünglichen Problem

$$
\begin{array}{lllll}
\text{I} & Z = p_1 x_1 + \ldots + p_{k+m} x_{k+m} \to \max & & & \\
\text{II} & a_{11} x_1 + \ldots + a_{1k} x_k + x_{k+1} & & & = b_1 \\
 & a_{21} x_1 + \ldots + a_{2k} x_k & + x_{k+2} & & = b_2 \\
 & \cdot \quad \cdot \quad \cdot \quad \cdot \quad \cdot & \cdot \quad \cdot \quad \cdot & \cdot \quad \cdot & \\
 & a_{m1} x_1 + \ldots + a_{mk} x_k & & + x_{k+m} & = b_m \\
\text{III} & x_i \geqslant 0 \text{ für } i = 1, \ldots, k+m & & &
\end{array}
$$

die absoluten Glieder b_i durch $b_i(\epsilon)$, wobei

$$b_i(\epsilon) = b_i + \epsilon^i + a_{i1} \epsilon^{m+1} + \ldots + a_{ik} \epsilon^{m+k}$$

für $i = 1, \ldots, m$ ist. Das Lösen dieses benachbarten Problems dürfte nun sehr zeitraubend sein. Es ist deshalb wichtig zu wissen, daß wir die umständliche ϵ-Methode zwar für die Begründung des noch zu entwickelnden Verfahrens, jedoch nicht für die Lösung des praktischen Beispiels benötigen.

Wir sehen, daß nach dem Satz 3.3 ein $\vartheta_1 > 0$ existieren muß, so daß für $0 < \epsilon < \vartheta_1$ alle $b_i(\epsilon) > 0$ sind, da $b_i \geqslant 0$ gilt und der Koeffizient der niedrigsten ϵ-Potenz 1 ist. Dazu brauchen wir nur das kleinste der m Intervalle $0 < \epsilon < \vartheta_{1i}$ zu wählen, innerhalb dessen alle Werte $b_1(\epsilon), b_2(\epsilon), \ldots, b_m(\epsilon)$ positiv sind. Hierdurch sind aber dann sämtliche Basisvariablen der ersten zulässigen Basislösung positiv.

$$\overset{(1)}{x}_{k+1}(\epsilon) > 0, \ldots, \overset{(1)}{x}_{k+m}(\epsilon) > 0$$

Sollte schon die erste zulässige Basislösung in der ursprünglichen Aufgabe entartet sein, so kann das für das benachbarte Problem nicht zutreffen. Zum Beweis müssen wir nur noch zeigen, daß die alte Basisvariable, die in der neuen Basislösung Nichtbasisvariable wird, eindeutig bestimmt ist. Zu diesem Zweck bilden wir wieder

$$\min_{\substack{i \\ a_{il} > 0}} \frac{b_i(\epsilon)}{a_{il}} = \min\left(\frac{b_i}{a_{il}} + \frac{1}{a_{il}} \epsilon^i + \frac{a_{i1}}{a_{il}} \epsilon^{m+1} + \ldots + \frac{a_{ik}}{a_{il}} \epsilon^{m+k}\right).$$

Falls $\frac{b_i}{a_{il}}$ für die Indizes $i_1, i_2, \ldots, i_j$ am kleinsten wird, wird $\frac{b_i(\epsilon)}{a_{il}}$ nach dem Satz 3.5 für den größten Index i_h minimal für $0 < \epsilon < \vartheta_2$. Durch $b_i(\epsilon) > 0$ für $i = 1, \ldots, m$ und durch die Eindeutigkeit von $\min\limits_{a_{il} > 0} \frac{b_i(\epsilon)}{a_{il}}$ ist gewährleistet, daß in der folgenden zweiten Basislösung – der Beweis dafür, daß die den neuen Basisvariablen entsprechenden Spaltenvektoren von A eine Basis bilden, ist bereits im Teil c) angegeben – alle Basisvariablen positiv sind. Wenn nun aus der Annahme, daß die r-te zulässige Basislösung nur positive Basisvariable enthält folgt, daß dies auch für die r + 1. Basislösung gilt, ist gezeigt, daß auf jeder Stufe des Iterationsverfahrens alle Basisvariablen positiv sind (Beweis durch vollständige Induktion). Dann ist aber eine Entartung unmöglich.

Nach Induktionsvoraussetzung sind alle Basisvariablen der r-ten zulässigen Basislösung positiv und damit sämtliche Glieder $\overline{b}_i(\epsilon) > 0$ für $0 < \epsilon < \vartheta_r$. Weiter sei

$$A_r = (a_{r_1}, a_{r_2}, \ldots, a_{r_m}),$$

wobei $a_{r1}, a_{r2}, \ldots, a_{rm}$ die den Basisvariablen $x_{r1}, x_{r2}, \ldots, x_{rm}$ entsprechenden Spaltenvektoren in der ursprünglichen Koeffizientenmatrix A sind. Dann ist die r-te Basisdarstellung

$$A_r^{-1} Ax = A_r^{-1} b(\epsilon) .$$

Setzen wir $A_r^{-1} b(\epsilon) = \overline{b}$ und

$$A_r^{-1} = \begin{pmatrix} \alpha_{11} & \ldots & \alpha_{1m} \\ \vdots & & \vdots \\ \alpha_{m1} & \ldots & \alpha_{mm} \end{pmatrix},$$

wird

$$\overline{b}_i(\epsilon) = \alpha_{i1}(b_1 + \epsilon + a_{11}\epsilon^{m+1} + \ldots + a_{1k}\epsilon^{m+k}) + \ldots + \alpha_{im}(b_m + \epsilon^m + a_{m1}\epsilon^{m+1} + \ldots + a_{mk}\epsilon^{m+k}),$$

$$\overline{b}_i(\epsilon) = \overline{b}_i + \alpha_{i1}\epsilon + \ldots + \alpha_{im}\epsilon^m + \epsilon^{m+1}(\alpha_{i1}a_{11} + \ldots + \alpha_{im}a_{m1}) + \ldots + \epsilon^{m+k}(\alpha_{i1}a_{1k} + \ldots + \alpha_{im}a_{mk}) ,$$

$$\overline{b}_i(\epsilon) = \overline{b}_i + \overline{a}_{i,k+1}\epsilon + \ldots + \overline{a}_{i,k+m}\epsilon^m + \overline{a}_{i1}\epsilon^{m+1} + \ldots + \overline{a}_{ik}\epsilon^{m+k} . \qquad (3.7)$$

Analog berechnen wir die i-te Komponente des Vektors A_r^{-1} Ax.

$$\bar{b}_i(\epsilon) = (\alpha_{i1} a_{11} + \ldots + \alpha_{im} a_{m1}) x_1 + \ldots + (\alpha_{i1} a_{1k} + \ldots + \alpha_{im} a_{mk}) x_k + $$
$$+ \alpha_{i1} x_{k+1} + \ldots + \alpha_{im} x_{k+m}$$

$$\bar{b}_i(\epsilon) = \bar{a}_{i1} x_1 + \ldots + \bar{a}_{ik} x_k + \bar{a}_{i,k+1} x_{k+1} + \ldots + \bar{a}_{i,k+m} x_{k+m} \tag{3.8}$$

(3.7) und (3.8) liefern die i-te Zeile der einschränkenden Bedingungen der r-ten Simplextabelle. Da nach Induktionsvoraussetzung alle $\bar{b}_i(\epsilon) > 0$ in einem hinreichend klein gewählten Intervall $0 < \epsilon < \vartheta_r$ sind, muß als Folge der Sätze 3.3 und 3.4 in jedem ϵ-Polynom $\bar{b}_i(\epsilon)$ für i = 1, . . . , m der erste nicht verschwindende Koeffizient positiv sein.

Es sei jetzt x_s die neue Basisvariable der r + 1. zulässigen Basislösung. Wir sehen, daß die Wahl von x_s unabhängig von ϵ ist, da die Koeffizienten von x_p in der durch die Nichtbasisvariablen x_p ausgedrückten Zielfunktion kein ϵ enthalten. Dafür ist aber die alte Basisvariable x_h, die in der r + 1. Basislösung Nichtbasisvariable wird, von $\bar{b}_i(\epsilon)$ abhängig. Wir beweisen sogleich, daß für alle hinreichend klein gewählten $\epsilon > 0$ stets dieselbe Variable x_h neue Nichtbasisvariable wird. Wie wir bereits früher bemerkt haben, ist der größte zulässige Wert für x_s durch den kleinsten der Quotienten $\frac{\bar{b}_i(\epsilon)}{\bar{a}_{is}}$ mit $\bar{a}_{is} > 0$ bestimmt. Es ist demnach

$$x_{s_{max}} = \min_{\substack{i=1,\ldots,m \\ \bar{a}_{is} > 0}} \left[\frac{\bar{b}_i}{\bar{a}_{is}} + \frac{\bar{a}_{i,k+1}}{\bar{a}_{is}} \epsilon + \ldots + \frac{\bar{a}_{i,k+m}}{\bar{a}_{is}} \epsilon^m + \frac{\bar{a}_{i1}}{\bar{a}_{is}} \epsilon^{m+1} + \ldots + \frac{\bar{a}_{ik}}{\bar{a}_{is}} \epsilon^{m+k} \right]$$

Für den Fall der Lösbarkeit der Aufgabe muß wenigstens ein $\bar{a}_{is} > 0$ für i = 1, . . . , m existieren (Teil b). Da aber $\bar{b}_i(\epsilon) > 0$ für $0 < \epsilon < \vartheta_r$ ist, muß wegen $\bar{a}_{is} > 0$ auch $x_{s_{max}} > 0$ für $0 < \epsilon < \vartheta_r$ gelten. Es bleibt nur noch zu zeigen, daß das Minimum der $\frac{\bar{b}_i(\epsilon)}{\bar{a}_{is}}$ mit $\bar{a}_{is} > 0$ für genügend kleine $\epsilon > 0$ eindeutig bestimmt ist. Wir finden den Index h, indem wir zuerst

$$\min \frac{\bar{b}_i}{\bar{a}_{is}} = \frac{\bar{b}_h}{\bar{a}_{hs}} \tag{3.9}$$

berechnen. Sollte (3.9) noch für mehrere Indizes $h_1, h_2, \ldots, h_g$ zutreffen, so bilden wir die folgenden Quotienten,

Tabelle 7

	1. Schlupfvariable	. . . .	m-te Schlupfvariable
$\frac{\overline{b}_{h_1}}{\overline{a}_{h_1 s}}$	$\frac{\overline{a}_{h_1, k+1}}{\overline{a}_{h_1 s}}$	. . . .	$\frac{\overline{a}_{h_1, k+m}}{\overline{a}_{h_1 s}}$
$\frac{\overline{b}_{h_2}}{\overline{a}_{h_2 s}}$	$\frac{\overline{a}_{h_2, k+1}}{\overline{a}_{h_2 s}}$	. . . .	$\frac{\overline{a}_{h_2, k+m}}{\overline{a}_{h_2 s}}$
. .	. .	. .	. .
$\frac{\overline{b}_{h_g}}{\overline{a}_{h_g s}}$	$\frac{\overline{a}_{h_g, k+1}}{\overline{a}_{h_g s}}$	. . . .	$\frac{\overline{a}_{h_g, k+m}}{\overline{a}_{h_g s}}$

die wir spaltenweise wertmäßig untereinander vergleichen. Läßt sich unter den Koeffizienten der ersten Potenz von ϵ (2. Spalte der Tabelle 7) ein kleinster finden, z.B. h_f, so ist nach dem Satz 3.5

$$\min \frac{\overline{b}_i(\epsilon)}{\overline{a}_{is}} = \frac{\overline{b}_{h_f}(\epsilon)}{\overline{a}_{h_f s}}$$

für alle hinreichend klein gewählten $\epsilon > 0$ eindeutig gegeben.

Andernfalls untersuchen wir von links nach rechts in der Tabelle 7 fortschreitend die Quotienten der Minimumzeilen einer Spalte bis ein kleinster Quotient einmal angenommen wird. Eine Entscheidung muß immer möglich sein. Wären nämlich zwei Zeilen in der Tabelle 7 gleich, würden wegen

$$\overline{a}_{i,k+1} = \alpha_{i1} ; \overline{a}_{i,k+2} = \alpha_{i2} ; \ldots ; \overline{a}_{i,k+m} = \alpha_{im}$$

die Beziehungen

$$\frac{\alpha_{h_j 1}}{\overline{a}_{h_j s}} = \frac{\alpha_{h_d 1}}{\overline{a}_{h_d s}} ; \frac{\alpha_{h_j 2}}{\overline{a}_{h_j s}} = \frac{\alpha_{h_d 2}}{\overline{a}_{h_d s}} ; \ldots ; \frac{\alpha_{h_j m}}{\overline{a}_{h_j s}} = \frac{\alpha_{h_d m}}{\overline{a}_{h_d s}}$$

gelten. Hierdurch müßte die Inverse von A_r zwei linear abhängige Zeilen besitzen (die h_j-te Zeile wäre das $\frac{\overline{a}_{h_j s}}{\overline{a}_{h_d s}}$ -fache der h_d-ten Zeile). Das steht aber im Widerspruch zum Satz 4.3 des ersten Kapitels. Dort wurde nämlich bewiesen, daß $\text{Rg}(A_r A_r^{-1}) = \text{Rg}(A_r^{-1}) = m$ ist, was bedeutet, daß die m Zeilenvektoren von A_r^{-1} linear unabhängig sind.

Folglich haben wir bewiesen, daß die Wahl der neuen Nichtbasisvariablen für die r + 1. zulässige Basislösung für alle hinreichend kleinen $\epsilon > 0$ eindeutig ist. Daraus ergibt sich aber auch schon, daß die neuen absoluten Glieder $b_i^*(\epsilon)$ und deshalb auch alle neuen Basisvariablen der r + 1. Basislösung streng positiv bleiben, sofern nur $0 < \epsilon < \vartheta_{r+1}$ gilt, womit der Induktionsbeweis erbracht ist. Das benachbarte ϵ-Problem kann also auf keiner Stufe entarten, wenn wir $\epsilon > 0$ so klein annehmen, daß $0 < \epsilon < \vartheta$ das kleinste der endlich vielen Intervalle $0 < \epsilon < \vartheta_j$ ist. Anders ausgedrückt bedeutet das nach dem Beweis im Teil c), daß eine optimale Lösung, falls sie existiert, nach endlich vielen Schritten gefunden wird und eine zulässige Basislösung ist.

Es gilt daher der wichtige

Satz 3.6: Zu jedem auf irgendeiner Stufe des Iterationsverfahrens entarteten linearen Maximumproblem gibt es eine benachbarte ϵ-Aufgabe, die für $0 < \epsilon < \vartheta$ nicht entartet ist.

Nun erkennen wir unmittelbar, daß uns die optimale Lösung des benachbarten ϵ-Problems für $\epsilon = 0$ die optimale Lösung der ursprünglichen Aufgabe liefert. Die nicht positiven Koeffizienten der Nichtbasisvariablen der Zielfunktion sind, wie bereits früher bemerkt wurde, in der letzten Simplextabelle von ϵ unabhängig, so daß $\epsilon = 0$ diese Größen nicht beeinflußt, und die Lösung damit nach dem Simplexkriterium (Satz 2.1) optimal bleibt. Weil das benachbarte ϵ-Problem stets nicht entartet ist, können wir nach den Ausführungen am Ende des Teils c) beim Basenaustausch niemals in einen Zyklus geraten. Jetzt ist aber der Übergang von einer Simplextabelle zur nächsten ohne das Benutzen von ϵ möglich, da wir im Falle der Entartung zur eindeutigen Bestimmung der Basisvariablen, die in der folgenden Basislösung Nichtbasisvariable wird, nur die in der Tabelle 7 angegebene Auswahlregel heranziehen müssen, die von ϵ gar keinen Gebrauch macht. Wenn wir aber hierdurch die zulässige Basislösung im ϵ-Problem für $\epsilon = 0$ erhalten, ist ein praktisches Verfahren gefunden, die umständliche ϵ-Schreibweise zu umgehen und trotzdem nie in einen Basenzyklus zu gelangen.

Wir nehmen an, daß das ϵ-Problem nicht optimal lösbar ist, so daß es eine zulässige Basislösung gibt, zu der eine Simplextabelle gehört, in welcher ein Zielfunktionskoeffizient $d_l > 0$ ist und alle $\bar{a}_{il} \leqslant 0$ für $i = 1, \ldots, m$ sind. Setzen wir jetzt $\epsilon = 0$, erhalten wir eine zulässige Basislösung des ursprünglichen Problems (aus $x_j(\epsilon) > 0$ für $0 < \epsilon < \vartheta_r$ folgt $\lim_{\epsilon \to 0} x_j(\epsilon) = x_j \geqslant 0$) mit den gleichen Koeffizienten $d_l > 0$ und $\bar{a}_{il} \leqslant 0$ für $i = 1, \ldots, m$. Nach dem Teil b) ist die Aufgabe dann aber nicht lösbar. Hiermit können wir zusammen mit dem Satz 3.2 feststellen:

Satz 3.7: Besitzt eine Maximumaufgabe eine optimale Lösung, so gibt es auch eine optimale zulässige Basislösung.

Obgleich bis heute schon sehr viele lineare Optimierungsprobleme mit elektronischen Rechenmaschinen gelöst wurden, ist das vorher befürchtete Durchlaufen eines Basenzyklus auch ohne Verwenden der oben geschilderten Auswahlregel nicht aufgetreten. Es wurde deshalb der Versuch gemacht, Beispiele zu konstruieren, in denen sich ein sogenanntes Kreisen ergibt. Im folgenden nennen wir das Beispiel von Beale, in welchem die 7. Simplextabelle mit der ersten übereinstimmt. Sollte die Wahl der zu entfernenden alten Basisvariablen auf einer Stufe des Simplexverfahrens nicht eindeutig sein, wählen wir mit Beale immer diejenige mit dem kleinsten Index.

Tabelle 8: Beales Beispiel für einen Basenzyklus

		x_1	x_2	x_3	x_4	x_5	x_6	x_7	
BV	0	$\frac{3}{4}$	-150	$\frac{1}{50}$	-6	0	0	0	
$\leftarrow x_5$	0	$\boxed{\frac{1}{4}}$	-60	$-\frac{1}{25}$	9	1	0	0	0
x_6	0	$\frac{1}{2}$	-90	$-\frac{1}{50}$	3	0	1	0	0
x_7	1	0	0	1	0	0	0	1	–
	0	0	30	$\frac{7}{50}$	-33	-3	0	0	
$\rightarrow x_1$	0	1	-240	$-\frac{4}{25}$	36	4	0	0	–
$\leftarrow x_6$	0	0	$\boxed{30}$	$\frac{3}{50}$	-15	-2	1	0	0
x_7	1	0	0	1	0	0	0	1	–
	0	0	0	$\frac{2}{25}$	-18	-1	-1	0	
$\leftarrow x_1$	0	1	0	$\boxed{\frac{8}{25}}$	-84	-12	8	0	0
$\rightarrow x_2$	0	0	1	$\frac{1}{500}$	$-\frac{1}{2}$	$-\frac{1}{15}$	$\frac{1}{30}$	0	0
x_7	1	0	0	1	0	0	0	1	–
	0	$-\frac{1}{4}$	0	0	3	2	-3	0	
$\rightarrow x_3$	0	$\frac{25}{8}$	0	1	$-\frac{525}{2}$	$-\frac{75}{2}$	25	0	–
$\leftarrow x_2$	0	$-\frac{1}{160}$	1	0	$\boxed{\frac{1}{40}}$	$\frac{1}{120}$	$-\frac{1}{60}$	0	0
x_7	1	$-\frac{25}{8}$	0	0	$\frac{525}{2}$	$\frac{75}{2}$	-25	1	$\frac{2}{525}$

Fortsetzung Seite 66

Fortsetzung der Tabelle 8

		x_1	x_2	x_3	x_4	x_5	x_6	x_7	
	0	$\frac{1}{2}$	-120	0	0	1	-1	0	
$\leftarrow x_3$	0	$-\frac{125}{2}$	10500	1	0	$\boxed{50}$	-150	0	0
$\rightarrow x_4$	0	$-\frac{1}{4}$	40	0	1	$\frac{1}{3}$	$-\frac{2}{3}$	0	0
x_7	1	$\frac{125}{2}$	-10500	0	0	-50	150	1	–
	0	$\frac{7}{4}$	-330	$-\frac{1}{50}$	0	0	2	0	
$\rightarrow x_5$	0	$-\frac{5}{4}$	210	$\frac{1}{50}$	0	1	-3	0	–
$\leftarrow x_4$	0	$\frac{1}{6}$	-30	$-\frac{1}{150}$	1	0	$\boxed{\frac{1}{3}}$	0	0
x_7	1	0	0	1	0	0	0	1	–
	0	$\frac{3}{4}$	-150	$\frac{1}{50}$	-6	0	0	0	
x_5	0	$\frac{1}{4}$	-60	$-\frac{1}{25}$	9	1	0	0	
x_6	0	$\frac{1}{2}$	-90	$-\frac{1}{50}$	3	0	1	0	
x_7	1	0	0	1	0	0	0	1	

Durch Anwendung der in Tabelle 7 genannten Auswahlregel läßt sich die Aufgabe von Beale schnell lösen (Tabelle 9).

Tabelle 9

		x_1	x_2	x_3	x_4	x_5	x_6	x_7		
BV	0	$\frac{3}{4}$	-150	$\frac{1}{50}$	-6	0	0	0		
x_5	0	$\frac{1}{4}$	-60	$-\frac{1}{25}$	9	1	0	0	0	$1 : \frac{1}{4} = 4$
$\leftarrow x_6$	0	$\boxed{\frac{1}{2}}$	-90	$-\frac{1}{50}$	3	0	1	0	0	$0 : \frac{1}{2} = 0$
x_7	1	0	0	1	0	0	0	1	–	
	0	0	-15	$\frac{1}{20}$	$-10{,}5$	0	$-1{,}5$	0		
x_5	0	0	-15	$-\frac{3}{100}$	7,5	1	$-\frac{1}{2}$	0	–	
$\rightarrow x_1$	0	1	-180	$-\frac{1}{25}$	6	0	2	0	–	
$\rightarrow x_7$	1	0	0	$\boxed{1}$	0	0	0	1	1	

Fortsetzung Seite 67

		x_1	x_2	x_3	x_4	x_5	x_6	x_7
	$-\frac{1}{20}$	0	-15	0	$-10{,}5$	0	$-1{,}5$	$-\frac{1}{20}$
x_5	$\frac{3}{100}$	0	-15	0	7,5	1	$-\frac{1}{2}$	$\frac{3}{100}$
x_1	$\frac{1}{25}$	1	-180	0	6	0	2	$\frac{1}{25}$
x_3	1	0	0	1	0	0	0	1

Die optimale Lösung heißt $x_{max} = (\frac{1}{25}, 0, 1, 0, \frac{3}{100}, 0, 0)$.

4.4. Einfaches Beispiel für eine entartete Maximumaufgabe

Wir wollen die Entartung noch im zweidimensionalen Fall an einem Beispiel zeichnerisch und rechnerisch behandeln.

$$\begin{array}{ll} \text{I} & Z = 2x_1 + x_2 \to \max \\ \text{II} & 3x_1 + 2x_2 \leqslant 12 \\ & x_1 + 2x_2 \leqslant 8 \\ & x_1 \leqslant 2 \\ \text{III} & x_1 \geqslant 0, x_2 \geqslant 0 \end{array}$$

Aus dem Bild 12 lesen wir die optimale Lösung $x_1 = 2$ und $x_2 = 3$ ab.

Bemerkung:

In der graphischen Darstellung erkennen wir die Entartung sofort, wenn sich im Optimalpunkt wenigstens drei den Bereich der zulässigen Lösungen begrenzende Geraden schneiden. Leider ist diese Bedingung nicht notwendig für das Vorliegen einer Entartung (Aufgabe 9.2).

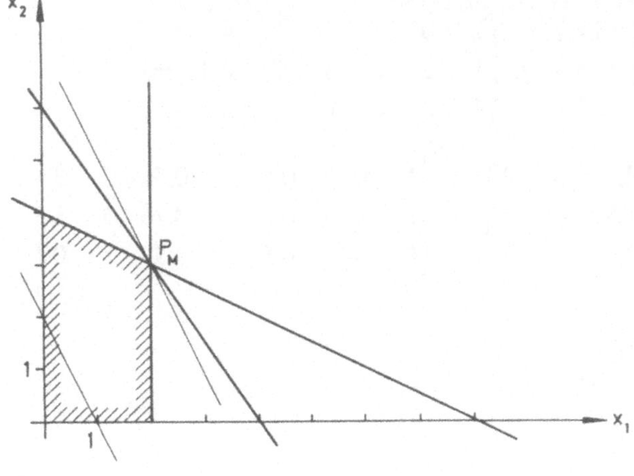

Bild 12

Die Normalform der Aufgabe lautet:

$$\begin{array}{ll} \text{I}^* & Z = 2x_1 + x_2 + 0 \cdot x_3 + 0 \cdot x_4 + 0 \cdot x_5 \to \max \\ \text{II}^* & 3x_1 + 2x_2 + x_3 \qquad\qquad = 12 \\ & x_1 + 2x_2 \qquad + x_4 \qquad = \ 8 \\ & x_1 \qquad\qquad\qquad + x_5 = \ 2 \\ \text{III} & x_1 \geqslant 0, x_2 \geqslant 0, x_3 \geqslant 0, x_4 \geqslant 0, x_5 \geqslant 0. \end{array}$$

Tabelle 10

		x_1	x_2	x_3	x_4	x_5		
BV	0	2	1	0	0	0		
x_3	12	3	2	1	0	0	4	
x_4	8	1	2	0	1	0	8	
$\leftarrow x_5$	2	[1]	0	0	0	1	2	
	−4	0	1	0	0	−2		
x_3	6	0	2	1	0	−3	3	$1 : 2 = \frac{1}{2}$
$\leftarrow x_4$	6	0	[2]	0	1	−1	3	$0 : 2 = 0$
$\rightarrow x_1$	2	1	0	0	0	1	–	(Tabelle 7)
	−7	0	0	0	−0,5	−1,5		
x_3	0	0	0	1	−1	−2		
$\rightarrow x_2$	3	0	1	0	0,5	−0,5		
x_1	2	1	0	0	0	1		

Die letzte Simplextabelle liefert die optimale Lösung $x_1 = 2, x_2 = 3, x_3 = 0, x_4 = 0, x_5 = 0$. Hierbei besitzt die Basisvariable x_3 den Wert Null. Wir können jetzt leicht zeigen, daß die im Satz 2.1 genannte Bedingung nicht notwendig für die Optimalität der Lösung ist. Wir lösen II* mit Hilfe des Gaußschen Algorithmus nach x_1, x_2 und x_5 auf.

$$\begin{pmatrix} 3 & 2 & 1 & 0 & 0 & 12 \\ 1 & 2 & 0 & 1 & 0 & 8 \\ 1 & 0 & 0 & 0 & 1 & 2 \end{pmatrix} \to \begin{pmatrix} 2 & 0 & 1 & -1 & 0 & 4 \\ 1 & 2 & 0 & 1 & 0 & 8 \\ 1 & 0 & 0 & 0 & 1 & 2 \end{pmatrix} \to$$

$$\begin{pmatrix} 1 & 0 & 0{,}5 & -0{,}5 & 0 & 2 \\ 0 & 2 & -0{,}5 & 1{,}5 & 0 & 6 \\ 0 & 0 & -0{,}5 & 0{,}5 & 1 & 0 \end{pmatrix} \to \begin{pmatrix} 1 & 0 & 0{,}5 & -0{,}5 & 0 & 2 \\ 0 & 1 & -0{,}25 & 0{,}75 & 0 & 3 \\ 0 & 0 & -0{,}5 & 0{,}5 & 1 & 0 \end{pmatrix}$$

$$x_1 = 2 - 0{,}5x_3 + 0{,}5x_4$$

$$x_2 = 3 + 0{,}25x_3 - 0{,}75x_4$$

$$x_5 = 0{,}5x_3 - 0{,}5x_4$$

Setzen wir diese Beziehungen in die Zielfunktion ein, so erhalten wir

$$Z_N = 7 - 0{,}75x_3 + 0{,}25x_4 \; .$$

Für die Basislösung (2, 3, 0, 0, 0) gewinnen wir den größtmöglichen Wert der Zielfunktion. Trotzdem ist noch ein Koeffizient in der Zielfunktion, die durch die Nichtbasisvariablen ausgedrückt ist, positiv.

4.5. Bestimmung einer ersten zulässigen Basislösung

Bei der Behandlung der Simplextheorie haben wir stets die Existenz einer ersten zulässigen Basislösung angenommen. In diesem Abschnitt wollen wir zeigen, daß wir hierzu berechtigt waren. Wir gehen von der Normalform der Maximumaufgabe aus und verwenden (2.1).

$$\begin{array}{ll} \text{I} & Z = p_1\,x_1 + \ldots + p_n\,x_n \to \max \\ \text{II} & a_{11}\,x_1 + \ldots + a_{1n}\,x_n \;= b_1 \\ & a_{21}\,x_1 + \ldots + a_{2n}\,x_n \;= b_2 \\ & \quad . \qquad . \qquad . \qquad . \qquad . \\ & a_{m1}\,x_1 + \ldots + a_{mn}\,x_n = b_m \\ \text{III} & x_1 \geqslant 0, \ldots, x_n \geqslant 0 \end{array} \tag{5.1}$$

Ohne Einschränkung der Allgemeinheit können wir voraussetzen, daß kein b_i für $i = 1, \ldots, m$ negativ ist. Sollte nämlich ein $b_i < 0$ sein, multiplizieren wir die entsprechende Gleichung in II mit -1. Dadurch ist es jedoch leicht möglich, daß die m Schlupfvariablen nicht Basisvariable der ersten zulässigen Basislösung sein können. Ein Beispiel veranschaulicht das Gesagte.

$$\begin{array}{lrcl} \text{II} & 4x_1 - 3x_2 & \leqslant & 12 \\ & -3x_1 + 4x_2 & \leqslant & 12 \\ & -x_1 - \;\, x_2 & \leqslant & -6 \end{array}$$

Die Normalform dieser Bedingungen lautet:

$$\begin{array}{rrrrrl} 4x_1 & -3x_2 & +x_3 & & & = \;\; 12 \\ -3x_1 & +4x_2 & & +x_4 & & = \;\; 12 \\ -\;x_1 & -\;x_2 & & & +x_5 & = -6 \end{array}$$

Nun ist aber $x_1 = 0, x_2 = 0, x_3 = 12, x_4 = 12$ und $x_5 = -6$ keine zulässige Basislösung.

Wir werden anschließend zeigen, wie wir eine erste zulässige Basislösung, falls überhaupt eine zulässige Lösung existiert, gewinnen können. Wie oben bemerkt, können wir $b_i \geqslant 0$ annehmen. Neben der ursprünglichen Aufgabe (5.1) betrachten wir die folgende Hilfsaufgabe.

$$\begin{array}{lll} \text{I}^* & Z^* = -(x_{n+1} + \ldots + x_{n+m}) \to \max & \\ \text{II}^* & a_{11} x_1 + \ldots + a_{1n} x_n + x_{n+1} \qquad\qquad\qquad = b_1 & \\ & a_{21} x_1 + \ldots + a_{2n} x_n \qquad + x_{n+2} \qquad\quad = b_2 & (5.2) \\ & \ldots\ldots\ldots\ldots\ldots\ldots\ldots\ldots & \\ & a_{m1} x_1 + \ldots + a_{mn} x_n \qquad\qquad + x_{n+m} = b_m & \\ \text{III}^* & x_i \geqslant 0 \text{ für } i = 1, \ldots, n+m & \end{array}$$

Die Größen $x_{n+1}, \ldots, x_{n+m}$ bezeichnen wir als künstliche Variable. Wir sehen, daß die Hilfsaufgabe eine erste zulässige Basislösung besitzt, nämlich $x_1 = \ldots = x_n = 0$, $x_{n+1} = b_1, \ldots, x_{n+m} = b_m$. Durch die Nichtnegativitätsbedingungen III* ist die Zielfunktion Z^* nach oben beschränkt ($Z^* \leqslant 0$). Deshalb muß das Simplexverfahren nach endlich vielen Schritten (höchstens $\binom{m+n}{m}$) die optimale Lösung der Hilfsaufgabe liefern. Wegen $Z^* \leqslant 0$ sind nur zwei Ergebnisse möglich:

a) Der maximale Wert von Z^* ist Null.
b) Der maximale Wert von Z^* ist negativ.

Im Fall a) müssen alle künstlichen Variablen den Wert Null besitzen. Wenn alle künstlichen Variablen Nichtbasisvariable sind, ist hiermit eine zulässige Basislösung der ursprünglichen Aufgabe (5.1) gefunden. Sollte aber noch die in der j-ten Gleichung der letzten Simplextabelle auftretende künstliche Variable x_{n+i} Basisvariable und ein zur Nichtbasisvariablen x_k mit $k \leqslant n$ gehörendes $\overline{a}_{jk} \neq 0$ sein, können wir x_{n+i} gegen x_k austauschen. Zum Beweis betrachten wir die durch die Nichtbasisvariablen dargestellte Zielfunktion und die j-te Gleichung der einschränkenden Bedingungen der letzten Simplextabelle.

$$Z^* - 0 = d_{i_1} x_{i_1} + \ldots + d_k x_k + \ldots + d_{i_n} x_{i_n}$$

$$0 = \overline{a}_{ji_1} x_{i_1} + \ldots + \overline{a}_{jk} x_k + \ldots + \overline{a}_{ji_n} x_{i_n} + x_{n+i}$$

Wegen $\overline{a}_{jk} \neq 0$ können wir aber das $\frac{d_k}{\overline{a}_{jk}}$-fache der letzten Gleichung von der darüberstehenden subtrahieren. Hierbei ändert sich nicht der Wert der Zielfunktion für die neue zulässige Basislösung, d. h. $Z^*(x_{neu}) = 0$, was zu zeigen war. Sollten andererseits alle $\overline{a}_{jk} = 0$ für $k \leqslant n$ gelten, kann die j-te Gleichung der Hilfsaufgabe als überflüssig weggelassen werden. Damit ist bewiesen, daß der Fall a) stets eine zulässige Basislösung der ursprünglichen Aufgabe (5.1) liefert.

Liegt der Fall b) vor, gibt es keine zulässige Lösung der ursprünglichen Aufgabe. Wäre nämlich $(\overline{x}_1, \ldots, \overline{x}_n)$ eine zulässige Lösung von (5.1), so wäre $\overline{x} = (\overline{x}_1, \ldots, \overline{x}_n, 0, \ldots, 0)$ eine zulässige Lösung der Hilfsaufgabe mit $Z^*(\overline{x}) = 0$. Das würde aber im Widerspruch zur Tatsache stehen, daß die maximale Lösung von Z^* negativ ist.

Damit haben wir die beiden folgenden Sätze bewiesen.

Satz 5.1: Besitzt das Problem (5.1) eine zulässige Lösung, so ist die maximale Lösung der Hilfsaufgabe (5.2) von der Gestalt

$$\bar{x}' = (\bar{x}_1, \ldots, \bar{x}_n, 0, \ldots, 0).$$

Satz 5.2: Gibt es in der maximalen Lösung der Hilfsaufgabe (5.2) noch nichtverschwindende künstliche Variable, kann die Aufgabe (5.1) keine zulässige Lösung besitzen.

Der Satz 5.2 gibt uns darüber Auskunft, ob sich Ungleichungen in den einschränkenden Bedingungen und den Nichtnegativitätsbedingungen der ursprünglichen Aufgabe widersprechen, so daß der Bereich der zulässigen Lösungen leer ist.

Für die praktische Rechnung ist es nun nicht immer notwendig, m künstliche Variable einzuführen. Ist

$$\begin{aligned} \text{II}\quad & a_{11} x_1 + \ldots + a_{1k} x_k \leqslant b_1 \\ & a_{21} x_1 + \ldots + a_{2k} x_k \leqslant b_2 \\ & \cdots\cdots\cdots \\ & a_{m1} x_1 + \ldots + a_{mk} x_k \leqslant b_m \quad , \end{aligned}$$

so genügt es, nur in solche Beziehungen künstliche Variable aufzunehmen, in denen $b_i < 0$ ist.

Damit bereitet das Lösen des eingangs formulierten Beispiels keinerlei Schwierigkeiten. Wir betrachten zunächst die Hilfsaufgabe:

$$\begin{aligned} \text{I}^*\quad & Z^* = -x_6 \to \max \\ \text{II}^*\quad & 4x_1 - 3x_2 + x_3 = 12 \\ & -3x_1 + 4x_2 + x_4 = 12 \\ & x_1 + x_2 - x_5 + x_6 = 6 \\ \text{III}^*\quad & x_i \geqslant 0 \text{ für } i = 1, 2, \ldots, 6 \end{aligned}$$

Eine erste zulässige Basislösung ist $x_1 = x_2 = x_5 = 0$, $x_3 = 12$, $x_4 = 12$, $x_6 = 6$. Um die Zielfunktion nur durch die Nichtbasisvariablen auszudrücken, addieren wir zu Z^* die letzte Beziehung von II*.

$$\begin{aligned} Z^* &= -x_6 \\ 6 &= x_1 + x_2 - x_5 + x_6 \\ \hline Z^* + 6 &= x_1 + x_2 - x_5 \end{aligned}$$

Tabelle 11

		x_1	x_2	x_3	x_4	x_5	x_6	
BV	6	1	1	0	0	−1	0	
← x_3	12	[4]	−3	1	0	0	0	3
x_4	12	−3	4	0	1	0	0	−
x_6	6	1	1	0	0	−1	1	6
	3	0	$\frac{7}{4}$	$-\frac{1}{4}$	0	−1	0	
→ x_1	3	1	$-\frac{3}{4}$	$\frac{1}{4}$	0	0	0	−
x_4	21	0	$\frac{7}{4}$	$\frac{3}{4}$	1	0	0	12
← x_6	3	0	[$\frac{7}{4}$]	$-\frac{1}{4}$	0	−1	1	$\frac{12}{7}$
	0	0	0	0	0	0	−1	
x_1	$\frac{30}{7}$	1	0	$\frac{1}{7}$	0	$-\frac{3}{7}$	$\frac{3}{7}$	
x_4	18	0	0	1	1	1	−1	
→ x_2	3	0	$\frac{7}{4}$	$-\frac{1}{4}$	0	−1	1	

Damit ist $x_1 = \frac{30}{7}$, $x_2 = \frac{12}{7}$, $x_3 = 0$, $x_4 = 18$ und $x_5 = 0$ eine erste zulässige Basislösung der primalen Aufgabe. Um nun die Zielfunktion $Z = 3x_1 + x_2$ nur durch die Nichtbasisvariablen auszudrücken, verwenden wir die zweite und vierte Gleichung der letzten Tabelle.

$$
\begin{aligned}
Z &= 3x_1 + x_2 \\
\tfrac{90}{7} &= 3x_1 \qquad + \tfrac{3}{7}x_3 - \tfrac{9}{7}x_5 \\
\tfrac{12}{7} &= \qquad x_2 - \tfrac{1}{7}x_3 - \tfrac{4}{7}x_5 \\
\hline
Z - \tfrac{102}{7} &= \qquad - \tfrac{2}{7}x_3 + \tfrac{13}{7}x_5 \qquad (+)
\end{aligned}
$$

Tabelle 12

		x_1	x_2	x_3	x_4	x_5	
	$-\frac{102}{7}$	0	0	$-\frac{2}{7}$	0	$\frac{13}{7}$	
x_1	$\frac{30}{7}$	1	0	$\frac{1}{7}$	0	$-\frac{3}{7}$	−
← x_4	18	0	0	1	1	[1]	18
x_2	3	0	$\frac{7}{4}$	$-\frac{1}{4}$	0	−1	−
	−48	0	0	$-\frac{15}{7}$	$-\frac{13}{7}$	0	
x_1	12	1	0	$\frac{4}{7}$	$\frac{3}{7}$	0	
→ x_5	18	0	0	1	1	1	
x_2	21	0	$\frac{7}{4}$	$\frac{3}{4}$	1	0	

Aus der letzten Simplextabelle lesen wir die optimale Lösung $x_1 = 12$, $x_2 = 12$, $x_3 = 0$, $x_4 = 0$ und $x_5 = 18$ ab. (Ein zweites Beispiel wird im Abschnitt 4.8 behandelt.) Die in den Abschnitten 4.2, 4.3 und 4.5 gewonnenen Erkenntnisse wollen wir in dem folgenden Ablaufdiagramm für die praktische Handhabung des Simplexverfahrens festhalten.

Tabelle 13: Ablaufschema des Simplexverfahrens bei der Maximumaufgabe

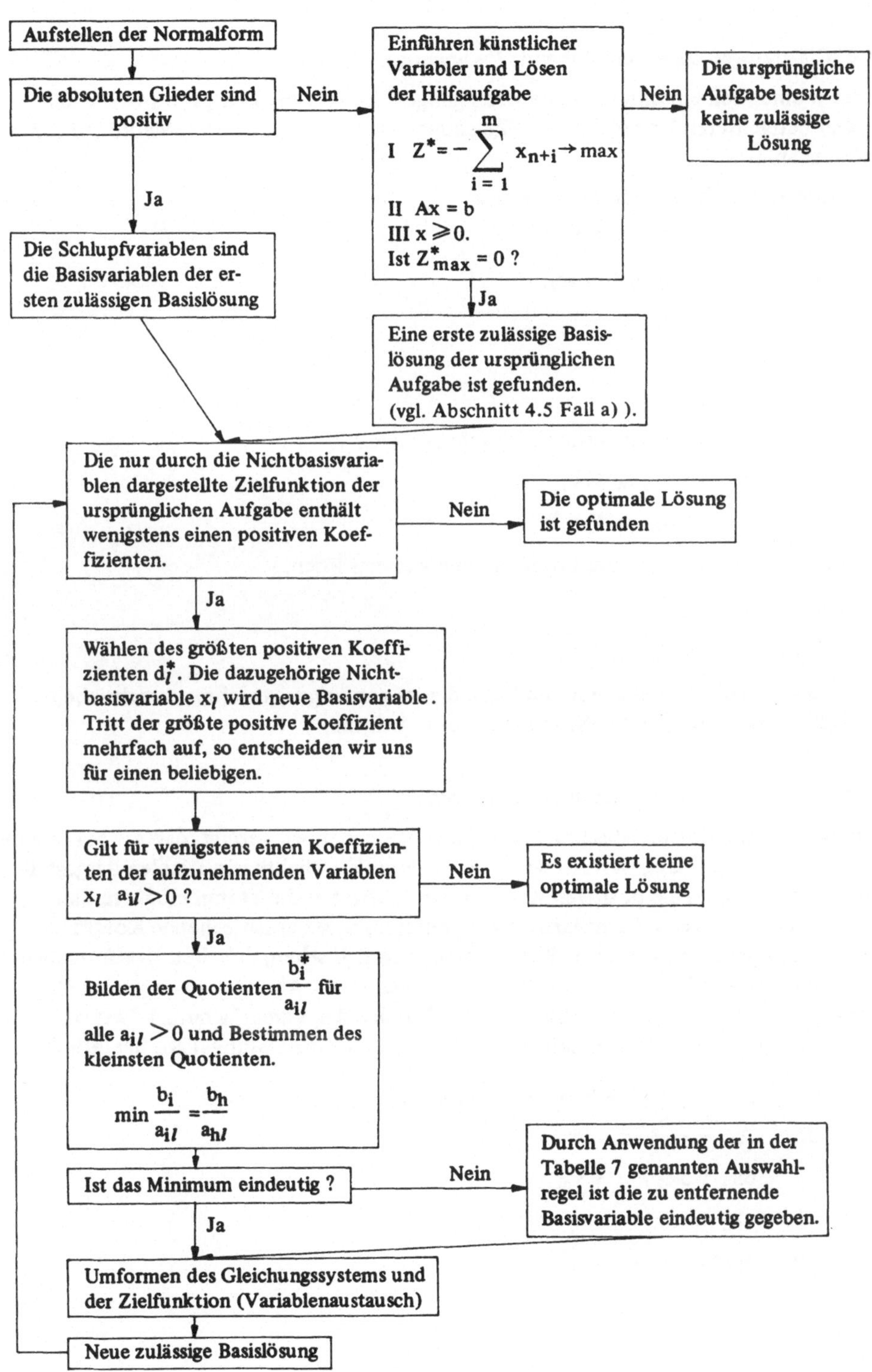

4.6. Gleichungen als einschränkende Bedingungen

Treten unter den einschränkenden Bedingungen der Maximumaufgabe anstelle der bisher betrachteten Ungleichungen Gleichungen auf, bieten sich zwei Methoden zur Lösung an.

a) Wir ersetzen die Gleichung der Form

$$a_{i1} x_1 + \ldots + a_{in} x_n = b_i$$

durch die zwei Ungleichungen

$$a_{i1} x_1 + \ldots + a_{in} x_n \leqslant b_i$$

und

$$a_{i1} x_1 + \ldots + a_{in} x_n \geqslant b_i$$

oder, was damit gleichwertig ist, durch

$$a_{i1} x_1 + \ldots + a_{in} x_n \leqslant b_i$$

$$- a_{i1} x_1 - \ldots - a_{in} x_n \leqslant - b_i \quad .$$

Hierdurch können wir das Problem ohne weiteres lösen.

b) Wir führen in

$$a_{i1} x_1 + \ldots + a_{in} x_n = b_i$$

eine künstliche Variable ein und lösen die im vorherigen Abschnitt beschriebene Hilfsaufgabe und anschließend die primale Aufgabe.

4.7. Vorliegen mehrerer optimaler Lösungen

Im zweiten und dritten Abschnitt dieses Kapitels haben wir gezeigt, daß die Maximumaufgabe dann optimal gelöst ist, wenn in der durch die Nichtbasisvariablen dargestellten Zielfunktion keine positiven Koeffizienten auftreten. Es ist nun möglich, daß zur maximalen Lösung Nichtbasisvariable gehören, deren entsprechende Koeffizienten in der Zielfunktion Null sind. Wir werden sogleich sehen, daß derartige Aufgaben mehrere optimale Lösungen besitzen können. Das in der Abbildung vier graphisch gelöste Beispiel soll das verdeutlichen. Aus Gründen der Vereinfachung lassen wir die dort angegebene Einschränkung $x_2 \leqslant 4$ fort, da sie die Lösung nicht beeinflußt.

$$\begin{array}{lllllll}
\text{I} & Z = 2x_1 + x_2 + 0 \cdot x_3 + 0 \cdot x_4 + 0 \cdot x_5 \rightarrow \max & & & & & \\
\text{II} & 2x_1 + x_2 + x_3 & & & & = & 8 \\
 & 6x_1 + 5x_2 & & + x_4 & & = & 30 \\
 & x_1 & & & + x_5 & = & 3 \\
\text{III} & x_i \geqslant 0, \; i = 1, \ldots, 5 \quad . & & & & &
\end{array}$$

Tabelle 14

			x_1	x_2	x_3	x_4	x_5	
	BV	0	2	1	0	0	0	
	x_3	8	2	1	1	0	0	4
	x_4	30	6	5	0	1	0	5
←	x_5	3	[1]	0	0	0	1	3
		−6	0	1	0	0	−2	
←	x_3	2	0	[1]	1	0	−2	2
	x_4	12	0	5	0	1	−6	$\frac{12}{5}$
→	x_1	3	1	0	0	0	1	–
		−8	0	0	−1	0	0	
→	x_2	2	0	1	1	0	−2	–
←	x_4	2	0	0	−5	1	[4]	$\frac{1}{2}$
	x_1	3	1	0	0	0	1	3
		−8	0	0	−1	0	0	
	x_2	3	0	1	−1,5	0,5	0	
→	x_5	0,5	0	0	−1,25	0,25	1	
	x_1	2,5	1	0	1,25	−0,25	0	

Aus den letzten beiden Simplextabellen erkennen wir, daß die Nichtbasisvariable x_5 Basisvariable werden kann, ohne daß sich der Wert der Zielfunktion ändert. Die Aufgabe besitzt demnach die zwei optimalen zulässigen Basislösungen (3; 2; 0; 2; 0) und (2,5; 3; 0; 0; 0,5). Ihnen entsprechen in dem Bild 4 die Punkte B und C. Aus den zwei Lösungen lassen sich beliebig viele weitere maximale Lösungen gewinnen. Zu diesem Zweck seien $\bar{x}_1$ und $\bar{x}_2$ die optimalen Lösungen. Dann gelten die Bedingungen:

$$A\bar{x}_1 = b \text{ mit } Z_{max} = p'\,\bar{x}_1 \tag{7.1}$$

$$A\bar{x}_2 = b \text{ mit } Z_{max} = p'\bar{x}_2 \tag{7.2}$$

Multiplizieren wir (7.1) mit λ und (7.2) mit $1-\lambda$, wobei $0 < \lambda < 1$ sein soll, so erhalten wir:

$$A\,\lambda\,\bar{x}_1 = \lambda\, b$$

$$A\,(1-\lambda)\,\bar{x}_2 = (1-\lambda)\, b$$

Wir addieren beide Gleichungen und gewinnen

$$A\left[\lambda\,\bar{x}_1 + (1-\lambda)\,\bar{x}_2\right] = b\ .$$

Folglich sind neben $\bar{x}_1$ und $\bar{x}_2$ auch $\lambda\,\bar{x}_1 + (1-\lambda)\,\bar{x}_2$ mit $0 < \lambda < 1$ Lösungsvektoren, die wegen $\lambda\,\bar{x}_1 \geqslant 0$ und $(1-\lambda)\,\bar{x}_2 \geqslant 0$ zulässig sind. Da $Z(\lambda\,\bar{x}_1 + [1-\lambda]\,\bar{x}_2) = p'(\lambda\,\bar{x}_1 + [1-\lambda]\,\bar{x}_2) = \lambda\, p'\,\bar{x}_1 + (1-\lambda)\, p'\,\bar{x}_2 = \lambda\, Z_{max} + (1-\lambda)\, Z_{max} = Z_{max}$

ist, liefern alle Vektoren $\lambda \overline{x}_1 + (1 - \lambda) \overline{x}_2$ für $0 \leqslant \lambda \leqslant 1$ optimale Lösungen. Demnach besitzt die vorher behandelte Aufgabe die beliebig vielen maximalen Lösungen

$$\overline{x}' = \lambda (3; 2; 0; 2; 0) + (1 - \lambda) (2{,}5; 3; 0; 0; 0{,}5) \quad ,$$

wenn $0 \leqslant \lambda \leqslant 1$ ist.

Eine Maximumaufgabe hat also dann mehrere optimale zulässige Basislösungen, wenn in der Zielfunktion der optimalen Simplextabelle Nichtbasisvariable mit verschwindenden Koeffizienten auftreten und die einschränkenden Bedingungen wenigstens einen positiven Koeffizienten dieser Nichtbasisvariablen enthalten. Es gilt dabei der

Satz 7.1: Sind $\overline{x}_1, \overline{x}_2, \ldots, \overline{x}_s$ optimale zulässige Basislösungen der Maximumaufgabe

$$\begin{array}{ll} \text{I} & Z = p' x \to \max \\ \text{II} & Ax = b \\ \text{III} & x \geqslant 0 \quad , \end{array}$$

so erhalten wir durch

$x = \lambda_1 \overline{x}_1 + \lambda_2 \overline{x}_2 + \ldots + \lambda_s \overline{x}_s$ mit $0 \leqslant \lambda_i \leqslant 1$ für

$i = 1, \ldots, s$ und $\sum_{i=1}^{s} \lambda_i = 1$ beliebig viele weitere optimale Lösungen.

Beweis: Aus

$$\begin{aligned} A \overline{x}_1 &= b \\ A \overline{x}_2 &= b \\ &\cdot\ \cdot\ \cdot\ \cdot \\ A \overline{x}_s &= b \end{aligned}$$

folgt

$$\begin{aligned} A \lambda_1 \overline{x}_1 &= \lambda_1 b \\ A \lambda_2 \overline{x}_2 &= \lambda_2 b \\ &\cdot\ \cdot\ \cdot\ \cdot\ \cdot\ \cdot\ \cdot \\ A \lambda_s \overline{x}_s &= \lambda_s b \ . \end{aligned}$$

Die Addition dieser letzten s Gleichungen ergibt unter Berücksichtigung von $\sum_{i=1}^{s} \lambda_i = 1$

$$A \left[\lambda_1 \overline{x}_1 + \lambda_2 \overline{x}_2 + \ldots + \lambda_s \overline{x}_s \right] = b$$

Da $\lambda_i \geqslant 0$ für $i = 1, \ldots, s$ ist, stellt $x = \lambda_1 \overline{x}_1 + \lambda_2 \overline{x}_2 + \ldots + \lambda_s \overline{x}_s \geqslant 0$ einen zulässigen Lösungsvektor dar, der wegen

$$Z(x) = \lambda_1 p' \overline{x}_1 + \lambda_2 p' \overline{x}_2 + \ldots + \lambda_s p' \overline{x}_s = Z_{max} (\lambda_1 + \lambda_2 + \ldots + \lambda_s) = Z_{max}$$

optimal ist.

4.8. Lösung der Minimumaufgabe

Neben den Maximumaufgaben lassen sich auch Minimumaufgaben mit Hilfe des Simplexverfahrens lösen. Das mathematische Modell der Minimumaufgabe lautet

$$\begin{array}{ll} \text{I} & Z = p'x \to \min \\ \text{II} & Ax \geq b \\ \text{III} & x \geq 0\,. \end{array} \tag{8.1}$$

Anstatt nun $Z = p'x$ zu minimieren, können wir auch $Z^* = -p'x$ maximieren. Multiplizieren wir noch II mit -1, erhalten wir die zu (8.1) äquivalente Aufgabe

$$\begin{array}{ll} \text{I}^* & Z^* = -p'x \to \max \\ \text{II}^* & -Ax \leq -b \\ \text{III}^* & x \geq 0 \end{array}$$

Damit erübrigt es sich, für die Minimumaufgabe ein neues Ablaufdiagramm aufzustellen. Ein einfaches Beispiel verdeutlicht das Gesagte.

$$\begin{array}{ll} \text{I} & Z = 3x_1 + 4x_2 \to \min \\ \text{II} & x_1 + 2x_2 \geq 8 \\ & x_1 + x_2 \geq 6 \\ & x_1 \geq 3 \\ \text{III} & x_1 \geq 0, x_2 \geq 0\,. \end{array}$$

Wir lösen die entsprechende Maximumaufgabe

$$\begin{array}{ll} \text{I}^* & Z^* = -3x_1 - 4x_2 \to \max \\ \text{II}^* & -x_1 - 2x_2 \leq -8 \\ & -x_1 - x_2 \leq -6 \\ & -x_1 \leq -3 \\ \text{III}^* & x_1 \geq 0, x_2 \geq 0\,. \end{array}$$

Die Normalform gewinnen wir durch Einführung der nichtnegativen Schlupfvariablen x_3, x_4, x_5.

$$\begin{array}{ll} \bar{\text{I}}^* & Z^* = -3x_1 - 4x_2 + 0 \cdot x_3 + 0 \cdot x_4 + 0 \cdot x_5 \to \max \\ \overline{\text{II}}^* & -x_1 - 2x_2 + x_3 = -8 \\ & -x_1 - x_2 + x_4 = -6 \\ & -x_1 + x_5 = -3 \\ \overline{\text{III}}^* & x_i \geq 0 \text{ für } i = 1, \ldots, 5 \end{array}$$

Um eine erste zulässige Basislösung zu finden, betrachten wir die Hilfsaufgabe

$$\hat{\text{I}} \qquad \hat{Z} = -(x_6 + x_7 + x_8) \to \max$$

$$\hat{\text{II}} \qquad \begin{aligned} x_1 + 2x_2 - x_3 \qquad\qquad + x_6 \qquad\qquad &= 8 \\ x_1 + x_2 \qquad - x_4 \qquad\qquad + x_7 \qquad &= 6 \\ x_1 \qquad\qquad\qquad - x_5 \qquad\qquad + x_8 &= 3 \end{aligned}$$

$$\hat{\text{III}} \qquad x_i \geqslant 0 \text{ für } i = 1, \ldots, 8 \; .$$

Durch Addition der Gleichungen $\hat{\text{II}}$ zu $\hat{Z}$ können wir die Zielfunktion $\hat{Z}$ durch die Nichtbasisvariablen ausdrücken.

$$\hat{Z} + 17 = 3x_1 + 3x_2 - x_3 - x_4 - x_5 \to \max$$

Tabelle 15

		x_1	x_2	x_3	x_4	x_5	x_6	x_7	x_8	
BV	17	3	3	−1	−1	−1	0	0	0	
← x_6	8	1	$\boxed{2}$	−1	0	0	1	0	0	4
x_7	6	1	1	0	−1	0	0	1	0	6
x_8	3	1	0	0	0	−1	0	0	1	–
	5	1,5	0	0,5	−1	−1	−1,5	0	0	
→ x_2	4	0,5	1	−0,5	0	0	0,5	0	0	8
x_7	2	0,5	0	0,5	−1	0	−0,5	1	0	4
← x_8	3	$\boxed{1}$	0	0	0	−1	0	0	1	3
	0,5	0	0	0,5	−1	0,5	−1,5	0	−1,5	
x_2	2,5	0	1	−0,5	0	0,5	0,5	0	−0,5	5
← x_7	0,5	0	0	0,5	−1	$\boxed{0{,}5}$	−0,5	1	−0,5	1
→ x_1	3	1	0	0	0	−1	0	0	1	–
	0	0	0	0	0	0	−1	−1	−1	
x_2	2	0	1	−1	1	0	1	−1	0	
→ x_5	1	0	0	1	−2	1	−1	2	−1	
x_1	4	1	0	1	−2	0	−1	2	0	
	0	−3	−4	0	0	0				
	20	0	0	−1	−2	0				
x_2	2	0	1	−1	1	0				
x_5	1	0	0	1	−2	1				
x_1	4	1	0	1	−2	0				

Die optimale Lösung der ursprünglichen Aufgabe ist demnach $x_1 = 4$, $x_2 = 2$, $x_3 = 0$, $x_4 = 0$ und $x_5 = 1$. Die Zielfunktion besitzt für diese Lösung den Wert 20.

4.9. Übungsaufgaben

1. Eine Fabrik stellt Fernseh- und Rundfunkgeräte her. Die Abteilung für die elektrischen Teile kann im Monat höchstens 600 Fernseh- oder 1400 Radioeinrichtungen oder eine geeignete Kombination herstellen. Die Abteilung für die Anfertigung der Gehäuse kann monatlich höchstens 1000 Gehäuse für die Fernseh- oder Rundfunkapparate produzieren. Auf der ersten Montagestraße können monatlich maximal 400 Fernsehgeräte, auf der zweiten Montagestraße höchstens 800 Rundfunkgeräte zusammengesetzt werden. Der Gewinn für ein Fernsehgerät beträgt 300 DM, der für ein Radiogerät 200 DM. Der Produktionsplan für den maximalen Gewinn ist graphisch und rechnerisch zu bestimmen.

2. Man löse graphisch und rechnerisch die Maximumaufgabe:

$$\begin{array}{ll} \text{I} & Z = x_1 + x_2 \to \max \\ \text{II} & 26x_1 + 14x_2 \leqslant 182 \\ & 3x_1 + 4x_2 \leqslant 36 \\ & 5x_1 + 4x_2 \leqslant 40 \\ & x_1 \leqslant 7 \\ \text{III} & x_1 \geqslant 0, \quad x_2 \geqslant 0 \,. \end{array}$$

Bei der Rechnung sind zwei Wege möglich, von denen einer auf eine entartete zulässige Basislösung führt. Man vergleiche mit der Bemerkung zum Bild 12.

3. Man beweise durch Anwendung des Simplexverfahrens, daß die in Bild 6 betrachtete Aufgabe nicht lösbar ist. (Abschnitt 3.2)

4. Man löse das im Abschnitt 3.3 angegebene Beispiel rechnerisch.

5. Duale Simplexmethode

5.1. Einführende Aufgabe

Das optimale Ergebnis der Minimumaufgabe finden wir mitunter leichter durch das Lösen der sogenannten dualen Maximumaufgabe. Bevor wir den Begriff der Dualität präzisieren und fundamentale Sätze herleiten, wollen wir das bereits im Abschnitt 4.8 behandelte Beispiel zur Veranschaulichung wählen. Neben dem mathematischen Modell der Minimumaufgabe

$$\begin{array}{ll} \text{I} & Z = 3x_1 + 4x_2 \to \min \\ \text{II} & x_1 + 2x_2 \geqslant 8 \\ & x_1 + x_2 \geqslant 6 \\ & x_1 \geqslant 3 \\ \text{III} & x_1 \geqslant 0, x_2 \geqslant 0 \end{array} \tag{1.1}$$

betrachten wir das Problem

$$\begin{array}{ll} \text{I}^* & Z^* = 8y_1 + 6y_2 + 3y_3 \to \max \\ \text{II}^* & y_1 + y_2 + y_3 \leqslant 3 \\ & 2y_1 + y_2 \leqslant 4 \\ \text{III}^* & y_1 \geqslant 0, y_2 \geqslant 0, y_3 \geqslant 0\,. \end{array} \tag{1.2}$$

Wir bezeichnen (1.1) als die primale und (1.2) als die dazugehörende duale Aufgabe. Den Übergang von (1.1) nach (1.2) können wir uns durch die folgenden Schemata bequem merken.

Minimumaufgabe

3	4	min
1	2	8
1	1	6
1	0	3

Maximumaufgabe

8	6	3	max
1	1	1	3
2	1	0	4

Aus beiden Anordnungen erkennen wir, daß die Koeffizientenmatrix A^* in II^* die Transponierte der Koeffizientenmatrix A in II ist.

Nach Einführung der nichtnegativen Schlupfvariablen x_1 und x_2 in (1.2) lösen wir die duale Aufgabe nach dem Simplexverfahren.

$$\begin{array}{ll} \text{I}^* & Z^* = 8y_1 + 6y_2 + 3y_3 + 0 \cdot x_1 + 0 \cdot x_2 \to \max \\ \text{II}^* & y_1 + y_2 + y_3 + x_1 = 3 \\ & 2y_1 + y_2 + x_2 = 4 \\ \text{III}^* & y_1 \geqslant 0, y_2 \geqslant 0, y_3 \geqslant 0, x_1 \geqslant 0, x_2 \geqslant 0\,. \end{array}$$

Tabelle 16

	BV		y_1	y_2	y_3	x_1	x_2	
	BV	0	8	6	3	0	0	
	x_1	3	1	1	1	1	0	3
←	x_2	4	[2]	1	0	0	1	2
		-16	0	2	3	0	−4	
←	x_1	1	0	0,5	[1]	1	−0,5	1
→	y_1	4	2	1	0	0	1	−
		-19	0	0,5	0	−3	−2,5	
⇄	y_3	1	0	[0,5]	1	1	−0,5	2
	y_1	4	2	1	0	0	1	4
		-20	0	0	−1	[−4	−2]	
	y_2	1	0	0,5	1	1	−0,5	
	y_1	2	2	0	−2	−2	2	

In der ersten Zeile der letzten Simplextabelle finden wir die mit entgegengesetztem Vorzeichen versehene, im vorherigen Abschnitt bestimmte Lösung der Minimumaufgabe

$$x_1 = 4, \; x_2 = 2 .$$

5.2. Duale Simplextheorie

Bevor wir mit Hilfe einiger Sätze aus der Theorie der dualen Optimierungsaufgaben die Richtigkeit der oben benutzten Methode beweisen, bringen wir die grundlegende

Definition: 1. Ist

$$\begin{array}{ll} \text{I} & Z = b'y \to \min \\ \text{II} & A'y \geqslant p \\ \text{III} & y \geqslant 0 \end{array} \qquad (2.1)$$

die primale Minimumaufgabe, so heißt

$$\begin{array}{ll} \text{I}^* & Z^* = p'x \to \max \\ \text{II}^* & A\,x \leqslant b \\ \text{III}^* & x \geqslant 0 \end{array} \qquad (2.2)$$

die dazugehörige duale Maximumaufgabe.

2. Lautet die primale Maximumaufgabe

$$\begin{array}{ll} I^* & Z^* = p'x \rightarrow \max \\ II^* & A\,x \leqslant b \\ III^* & x \geqslant 0 \quad , \end{array} \tag{2.3}$$

dann nennen wir

$$\begin{array}{ll} I & Z = b'y \rightarrow \min \\ II & A'y \geqslant p \\ III & y \geqslant 0 \end{array} \tag{2.4}$$

die zugeordnete duale Minimumaufgabe.

Wir sehen, daß jeder linearen Optimierungsaufgabe eindeutig ein duales Problem entspricht. In der dualen Aufgabe tritt anstelle der in der primalen Aufgabe verwendeten Koeffizientenmatrix in II die dazu transponierte Matrix in II* auf. Ferner werden die $\geqslant$ Zeichen mit den $\leqslant$ Zeichen vertauscht.

Es gelten nun die folgenden Sätze:

Satz 2.1: y_1 sei eine beliebige Lösung von (2.1) bzw. (2.4). Weiter sei x_1 eine beliebige Lösung von (2.2) bzw. (2.3). Dann ist stets

$$Z(y_1) \geqslant Z^*(x_1)$$

oder, was das gleiche ist

$$b'y_1 \geqslant p'x_1 . \tag{2.5}$$

Beweis: Aus $A'y_1 \geqslant p$ folgt

$$x_1' A' y_1 \geqslant x_1' p \quad , \tag{2.6}$$

aus $A\,x_1 \leqslant b$ bzw. $x_1' A' \leqslant b'$

$$x_1' A' y_1 \leqslant b' y_1 . \tag{2.7}$$

(2.6) und (2.7) ergeben unmittelbar

$b' y_1 \geqslant x_1' A' y_1 \geqslant x_1' p = p' x_1$, was zu zeigen war.

Satz 2.2: Ist x_0 eine Lösung von (2.2) bzw. (2.3) und y_0 eine Lösung von (2.1) bzw. (2.4) und gilt überdies noch

$$p' x_0 = b' y_0 \quad ,$$

so sind x_0 und y_0 optimale Lösungen.

Beweis: Ist y_1 eine beliebige Lösung von (2.1) bzw. (2.4), so folgt aus (2.5)

$$b' y_1 \geqslant p' x_0 = b' y_0 \quad .$$

Dann ist aber y_0 minimale Lösung. Wenn x_1 eine beliebige Lösung von (2.2) bzw. (2.3) ist, gilt wegen (2.5)

$$p' x_0 = b' y_0 \geqslant p' x_1 \quad ,$$

wodurch gezeigt ist, daß x_0 maximale Lösung ist.

Für einen grundlegenden Satz der dualen Simplextheorie müssen wir das Simplexkriterium ein wenig umformen. Um die neue Schreibweise des Simplexkriteriums möglichst leicht herzuleiten, gehen wir wieder von den im Abschnitt 4.2 gewählten Voraussetzungen aus. Dann besagt das Simplexkriterium, daß

$$p_2' - p_1' A_1^{-1} A_2 \leqslant 0' \qquad \text{gilt,} \tag{2.8}$$

wobei $p' = (p_1' \mid p_2')$ und $A = (A_1 \mid A_2)$ sind. Anstelle von (2.8) schreiben wir

$$\underbrace{(o, \ldots, o,}_{\text{m Elemente}} \mid p_2') - \underbrace{(0, \ldots, 0,}_{\text{m Elemente}} \mid p_1' A_1^{-1} A_2) \leqslant 0',$$

$$\begin{aligned}
(0' \mid p_2') - p_1' A_1^{-1} (0 \mid A_2) &\leqslant 0', \\
(0' \mid p_2') - p_1' A_1^{-1} [A - (A_1 \mid 0)] &\leqslant 0', \\
(0' \mid p_2') - p_1' A_1^{-1} A + (p_1' \mid 0') &\leqslant 0', \\
(p_1' \mid p_2') - p_1' A_1^{-1} A &\leqslant 0', \\
p' - p_1' A_1^{-1} A &\leqslant 0' \quad .
\end{aligned} \tag{2.9}$$

Da sich die einzelnen Schritte zurückverfolgen lassen, ist (2.9) äquivalent mit (2.8), und (2.9) ist damit eine neue Darstellung des Simplexkriteriums.

Es gilt nun der wichtige Satz der dualen Simplextheorie:

Satz 2.3: Wenn x_0 optimale Basislösung der Normalform von (2.2) ist, so besitzt auch das System (2.1) eine optimale Lösung.

Beweis: Wir lösen die Maximumaufgabe und zeigen, daß die letzte Simplextabelle die optimale Lösung der dualen Minimumaufgabe enthält. Durch Umnumerieren der Variablen ist es möglich, daß von den k echten Variablen $x_1, \ldots, x_k$ die ersten j und von den m Schlupfvariablen die ersten m-j Variablen Basisvariable der optimalen Lösung x_0 sind.

$$x_0' = (\underbrace{x_1, \ldots, x_j,}_{\text{Basisvariable}} \underbrace{x_{j+1}, \ldots, x_k,}_{\text{Nichtbasisvariable}} \underbrace{x_{k+1}, \ldots, x_{k+m-j},}_{\text{Basisvariable}} \underbrace{x_{k+m-j+1}, \ldots, x_{k+m}}_{\text{Nichtbasisvariable}})$$

Wir betrachten jetzt die erste und letzte Simplextabelle der Maximumaufgabe ausführlich. Nach Einführen der m Schlupfvariablen geht $Ax \leqslant b$ über in

$$\left(\begin{array}{ccc|ccc|cccc|cccc} a_{11} & \dots & a_{1j} & a_{1j+1} & \dots & a_{1k} & 1 & 0 & \dots & 0 & 0 & \dots & \dots & 0 \\ & & & & & & 0 & \ddots & & \vdots & \vdots & & & \vdots \\ & B_1 & & & B_2 & & \vdots & & \ddots & 0 & & B_4 & & \vdots \\ & & & & & & \vdots & & & 1 & 0 & & & \vdots \\ & & & & & & \vdots & & & 0 & 1 & \ddots & & 0 \\ & & & & & & & B_3 & & \vdots & \vdots & & \ddots & 0 \\ a_{m1} & \dots & a_{mj} & a_{mj+1} & \dots & a_{mk} & 0 & \dots & & 0 & 0 & \dots & 0 & 1 \end{array}\right) \begin{pmatrix} x_1 \\ \vdots \\ x_j \\ x_{j+1} \\ \vdots \\ x_k \\ x_{k+1} \\ \vdots \\ x_{k+m-j} \\ x_{k+m-j+1} \\ \vdots \\ x_{k+m} \end{pmatrix} = \begin{pmatrix} b_1 \\ \vdots \\ \vdots \\ b_m \end{pmatrix} \tag{2.10}$$

j Spalten k-j Spalten m-j Spalten j Spalten

Da in der letzten Simplextabelle die ersten j echten Variablen und die ersten m-j Schlupfvariablen Basisvariable sind, erhalten wir die dieser Tabelle entsprechende Matrizengleichung aus (2.10) durch linksseitige Multiplikation mit der Inversen von $A_1 = (B_1 \ \ B_3)$. Abkürzend setzen wir noch $A_2 = (B_2 \mid B_4)$.

$$\begin{array}{l} j \\ \text{Zeilen} \\ \\ m\text{-}j \\ \text{Zeilen} \end{array} \left(\begin{array}{cccc|ccc|cccc|ccc} 1 & 0 & \dots & 0 & a^*_{1j+1} & \dots & a^*_{1k} & 0 & \dots & \dots & 0 & a_{1,k+m-j+1} & \dots & a_{1,k+m} \\ 0 & \ddots & & \vdots & \vdots & & \vdots & \vdots & & & \vdots & \vdots & & \vdots \\ \vdots & & \ddots & 0 & & & & & & & & & & \\ 0 & \dots & 0 & 1 & \vdots & & \vdots & 0 & \dots & \dots & 0 & \vdots & & \vdots \\ \hline 0 & \dots & \dots & 0 & & & & 1 & 0 & \dots & 0 & & & \\ \vdots & & & \vdots & \vdots & & \vdots & 0 & \ddots & & \vdots & \vdots & & \vdots \\ \vdots & & & \vdots & & & & \vdots & & \ddots & 0 & & & \\ 0 & \dots & \dots & 0 & a^*_{m,j+1} & \dots & a^*_{mk} & 0 & \dots & 0 & 1 & a_{m,k+m-j+1} & \dots & a_{m,k+m} \end{array}\right) \begin{pmatrix} x_1 \\ \vdots \\ x_j \\ x_{j+1} \\ \vdots \\ x_k \\ x_{k+1} \\ \vdots \\ x_{k+m-j} \\ x_{k+m-j+1} \\ \vdots \\ x_{k+m} \end{pmatrix} = \begin{pmatrix} b^*_1 \\ \vdots \\ \vdots \\ b^*_m \end{pmatrix} \tag{2.11}$$

Schreiben wir (2.11) als $(B_1^* \mid B_2^* \mid B_3^* \mid B_4^*)\, x = b^*$, so gilt die Beziehung

$$A_1^{-1} (B_1 \mid B_2 \mid B_3 \mid B_4) = (B_1^* \mid B_2^* \mid B_3^* \mid B_4^*) \,.$$

Da (2.11) der letzten Simplextabelle entspricht, muß nach dem Simplexkriterium

$$p_2' - p_1' A_1^{-1} A_2 \leqslant 0'$$

sein. Hierbei sind

$$p_1' = (p_1, \ldots, p_j, p_{k+1}, \ldots, p_{k+m-j}) \text{ und}$$

$$p_2' = (p_{j+1}, \ldots p_k, p_{k+m-j+1}, \ldots, p_{k+m}).$$

Nach den Erläuterungen zur Tabelle 16 liegt es nun nahe, die letzten m Koeffizienten der der Zielfunktion zugeordneten Zeile der optimalen Simplextabelle aufzusuchen. Diese Elemente stehen gerade über den Matrizen B_3^* und B_4^*. Die über B_4^* angeordneten Koeffizienten bilden die letzten j Komponenten des Vektors $p_2' - p_1' A_1^{-1} A_2$. Da in p_2' die letzten j Komponenten verschwinden, – die dazugehörigen x_i sind Schlupfvariable –, genügt es, die letzten j Elemente von $p_1' A_1^{-1} A_2$ zu bestimmen. Wegen

$$p_1' A_1^{-1} A_2 = p_1' A_1^{-1} (B_2 \mid \underbrace{B_4}_{\text{j Spalten}})$$

sind das die Komponenten von $p_1' A_1^{-1} B_4$. Da aber

$$p_1' A_1^{-1} B_3 = p_1' B_3^* = p_1' \begin{pmatrix} 0 & \ldots & 0 \\ \vdots & & \vdots \\ 0 & \ldots & 0 \\ 1 & 0 & \vdots \\ 0 & \ddots & \\ \vdots & \ddots & 0 \\ 0 & \ldots 0 & 1 \end{pmatrix} \begin{matrix} \left.\vphantom{\begin{matrix}0\\0\\0\end{matrix}}\right\} \text{j Zeilen} \\ \left.\vphantom{\begin{matrix}0\\0\\0\\0\end{matrix}}\right\} \text{m-j Zeilen} \end{matrix}$$

gilt und sämtliche p_i für $i = k + 1, \ldots, k + m - j$ Null sind, ist

$$p_1' A_1^{-1} B_3 = 0'.$$

Dann sind aber die Koeffizienten der Schlupfvariablen $x_{k+1}, \ldots, x_{k+m}$ in der letzten Simplextabelle durch

$$-p_1' A_1^{-1} (B_3 \mid B_4) \leqslant 0'$$

gegeben. Beachten wir, daß $(B_3 \mid B_4) = E$ ist, so folgt

$$-p_1' A_1^{-1} \leqslant 0'. \tag{2.12}$$

Wir zeigen jetzt, daß

$$y_0' = p_1' A_1^{-1} \geqslant 0'$$

die optimale Lösung von (2.1) ist. (2.9) ergibt sofort

$$p' - y_0' A \leqslant 0'$$

oder $A' y_0 \geqslant p$.

Mithin ist y_0' eine zulässige Lösung, die nach dem Satz 2.2 wegen

$$Z(y_0) = b'y_0 = y_0' b = p_1' A_1^{-1} b = Z^*(x_0)$$

(Abschnitt 4.2, Beweis zu Satz 2.1) optimal ist.

Analog gilt der

Satz 2.4: Ist y_0 die optimale Basislösung der Normalform von (2.4), so hat auch das System (2.3) eine optimale Lösung.

Beweis: Wir erreichen wieder durch Umnumerieren der Variablen, daß von den m echten Variablen die ersten j und von den k Schlupfvariablen die ersten k-j Variablen Basisvariable der optimalen Lösung y_0 sind.

$$y_0' = (\underbrace{y_1, \ldots, y_j}_{\text{Basisvariable}}, \underbrace{y_{j+1}, \ldots, y_m}_{\text{Nichtbasis-variable}}, \underbrace{y_{m+1}, \ldots, y_{m+k-j}}_{\text{Basisvariable}}, \underbrace{y_{m+k-j+1}, \ldots, y_{m+k}}_{\text{Nichtbasisvariable}})$$

Nach Einführung der nichtnegativen Schlupfvariablen geht $A'y \geqslant p$ über in

$$\left(\begin{array}{ccc|ccc|ccc|ccc}
a_{11} & \ldots & a_{j1} & a_{j+1,1} & \ldots & a_{m1} & -1 & 0 \ldots & 0 & 0 & \ldots & 0 \\
\vdots & & \vdots & \vdots & & \vdots & 0 & \ddots & \vdots & \vdots & & \vdots \\
\vdots & B_1 & \vdots & \vdots & B_2 & \vdots & \vdots & \ddots & 0 & \vdots & B_4 & \vdots \\
\vdots & & \vdots & \vdots & & \vdots & \vdots & & -1 & \vdots & & \vdots \\
\vdots & & \vdots & \vdots & & \vdots & \vdots & B_3 & 0 & 0 & & \vdots \\
\vdots & & \vdots & \vdots & & \vdots & \vdots & & \vdots & -1 & \ddots & \vdots \\
\vdots & & \vdots & \vdots & & \vdots & \vdots & & \vdots & 0 & \ddots & 0 \\
a_{1k} & \ldots & a_{jk} & a_{j+1,k} & \ldots & a_{mk} & 0 & \ldots & 0 & 0 & \ldots 0 & -1
\end{array}\right)
\begin{pmatrix} y_1 \\ \vdots \\ y_j \\ y_{j+1} \\ \vdots \\ y_m \\ y_{m+1} \\ \vdots \\ y_{m+k-j} \\ y_{m+k-j+1} \\ \vdots \\ y_{m+k} \end{pmatrix}
=
\begin{pmatrix} p_1 \\ \vdots \\ \vdots \\ \vdots \\ \vdots \\ p_k \end{pmatrix} . \qquad (2.13)$$

j Spalten m-j Spalten k-j Spalten j Spalten

Die der letzten Simplextabelle entsprechende Matrizengleichung gewinnen wir aus (2.13) durch linksseitige Multiplikation mit der Inversen von $A_1' = (B_1 \mid B_3)$. Abkürzend setzen wir wieder $A_2' = (B_2 \mid B_4)$.

$$\left(\begin{array}{c|c|c|c} \begin{matrix} 1 & 0 & \cdots & 0 \\ 0 & \ddots & & \vdots \\ \vdots & & \ddots & 0 \\ & & & 1 \\ & B_1^* & & 0 \\ & & & \vdots \\ 0 & \cdots & & 0 \end{matrix} & \begin{matrix} a^*_{j+1,1} & \cdots & a^*_{m1} \\ \vdots & & \vdots \\ & B_2^* & \\ \vdots & & \vdots \\ a^*_{j+1,k} & \cdots & a^*_{mk} \end{matrix} & \begin{matrix} 0 & \cdots & 0 \\ \vdots & B_3^* & \vdots \\ 0 & & \\ 1 & \ddots & \\ 0 & \ddots & \\ \vdots & & 0 \\ 0 & \cdots 0 & 1 \end{matrix} & \begin{matrix} a^*_{m+k-j+1,1} & \cdots & a^*_{m+k,1} \\ \vdots & & \vdots \\ & B_4^* & \\ \vdots & & \vdots \\ a^*_{m+k-j+1,k} & \cdots & a^*_{m+k,k} \end{matrix} \end{array}\right) \begin{pmatrix} y_1 \\ \vdots \\ y_j \\ y_{j+1} \\ \vdots \\ y_m \\ y_{m+1} \\ \vdots \\ y_{m+k-j} \\ y_{m+k-j+1} \\ \vdots \\ y_{m+k} \end{pmatrix} = \begin{pmatrix} p_1^* \\ \cdot \\ \cdot \\ \cdot \\ p_k^* \end{pmatrix}$$

Wegen $Z_{min} = b' y_0$ und $b_1' = (b_1, \ldots, b_j, b_{m+1}, \ldots b_{m+k-j})$ und $b_2' = (b_{j+1}, \ldots, b_m, b_{m+k-j+1}, \ldots, b_{m+k})$ muß nach dem Simplexkriterium

$$-b_2' + b_1' A_1'^{-1} A_2' \leqslant 0'$$

sein. Um die in der Zielfunktion der letzten Simplextabelle über B_4^* stehenden Koeffizienten von $y_{m+k-j+1}, \ldots, y_{m+k}$ zu finden, bestimmen wir die letzten j Komponenten von $-b_2' + b_1' A_1'^{-1} A_2'$. Da in b_2' die letzten j Komponenten verschwinden, genügt es, die letzten j Elemente von $b_1' A_1'^{-1} A_2'$ zu bestimmen. Wegen

$$b_1' A_1'^{-1} A_2' = b_1' A_1'^{-1} (B_2 \mid \underbrace{B_4}_{\text{j Spalten}})$$

sind das die Komponenten von $b_1' A_1'^{-1} B_4$. Nun ist

$$b_1' A_1'^{-1} B_3 = b_1' B_3^* = b_1' \begin{pmatrix} 0 & \cdots & 0 \\ \vdots & & \cdot \\ 0 & & \cdot \\ 1 & & \cdot \\ 0 & \ddots & \cdot \\ \vdots & \ddots & 0 \\ 0 & \cdots 0 & 1 \end{pmatrix} = 0'.$$

Hiermit sind die Koeffizienten der Schlupfvariablen $y_{m+1}, \ldots, y_{m+k}$

$$b_1' A_1'^{-1} (B_3 \mid B_4) \leqslant 0'.$$

Aus $(B_3 \mid B_4) = -E$ folgt

$$-b_1' A_1'^{-1} \leqslant 0'.$$

Es bleibt nur noch zu zeigen, daß $x_0' = b_1' A_1'^{-1} \geqslant 0'$ die optimale Lösung von (2.3) ist.

$$Z(x_0) = p' x_0 = x_0' p = b_1' A_1'^{-1} p = Z^* (y_0)$$

Die letzte Gleichung erhalten wir aus

$$A_1' y_1 + A_2' y_2 = p \text{ bzw. } y_1 = A_1'^{-1} p - A_1'^{-1} A_2' y_2 \qquad \text{und}$$

$$Z = b_1' y_1 + b_2' y_2 \text{ bzw. } Z = b_1' A_1'^{-1} p + (b_2' - b_1' A_1'^{-1} A_2') y_2 \,,$$

da in der optimalen Basislösung $y_2 = 0$ ist.

Nach dem Satz 2.2 ist somit x_0 maximale Lösung von (2.3). Aus dem Satz 3.7 des Abschnitts 4.3 und den Ausführungen zu Beginn des Abschnitts 4.8 läßt sich eine interessante Folgerung ziehen. Ist nämlich die duale Aufgabe optimal lösbar, so existiert auch eine optimale zulässige Basislösung. Nach den Sätzen 2.3 und 2.4 gibt es sodann eine optimale Lösung des primalen Problems. Da aber die duale Aufgabe des dualen Problems die primale Aufgabe ist, gilt auch die Umkehrung, womit der Satz 2.5 bewiesen ist:

Satz 2.5: (Dualitätstheorem) Eine primale lineare Optimierungsaufgabe ist genau dann lösbar, wenn das entsprechende duale Problem optimal lösbar ist.

Weil jede Programmierungsaufgabe a) direkt nach dem Simplexverfahren und b) indirekt mit Hilfe des dualen Problems untersucht werden kann, ist es sinnvoll, die Vor- bzw. Nachteile der einzelnen Methoden zu kennen. Sind beispielsweise in $Z = b' y \to \min$ $b \geqslant 0$ und in $A' y \geqslant p$ einige Komponenten von p positiv, lösen wir dieses Problem eleganter mit Hilfe der dualen Aufgabe. Während nämlich die Startlösung der dualen Aufgabe sofort bekannt ist (die Schlupfvariablen der dualen Aufgabe sind die Basisvariablen der ersten zulässigen Basislösung), müßten wir entweder eine erste zulässige Basislösung der Minimierungsaufgabe durch Probieren zu finden versuchen oder den Rechenaufwand der primalen Aufgabe durch Einführung von künstlichen Variablen vergrößern. In manchen Optimierungsaufgaben variieren die rechten Seiten innerhalb gewisser Grenzen. Hier lösen wir das Problem mit Hilfe der dualen Aufgabe, da sich dort die schwankenden Größen nur in der Zielfunktion bemerkbar machen.

5.3. Anwendung der dualen Simplexmethode in der Spieltheorie

Wir betrachten ein Spiel zwischen zwei Personen. Der Spieler A besitze die Strategien $s_1, s_2, \ldots, s_m$, der Spieler B die Strategien $t_1, t_2, \ldots, t_n$. Dabei wollen wir unter einer Strategie eine Anzahl von Entscheidungsregeln verstehen, die dem betreffenden Spieler bei jedem Zug in der Partie die eigene Handlungsweise vorschreibt.

Wählen nun die Spieler A und B unabhängig voneinander ihre Strategie s_i bzw. t_k, so ist hiermit die Partie bereits entschieden. Das Ende jeder Partie (s_i, t_k) sei mit einer Geldzahlung verbunden, bei der der Gewinn des einen Spielers gleich dem Verlust des anderen sei (Zweipersonen-Nullsummenspiel). Gewinnt der Spieler A die Partie (s_i, t_k), ist der Auszahlungswert a_{ik} positiv und B muß A a_{ik} Geldeinheiten geben. Verliert der Spieler A die Partie (s_i, t_k), so ist der Auszahlungswert a_{ik} negativ und B erhält von A $-a_{ik}$ Geldeinheiten. Die Werte der Auszahlungsfunktion a_{ik} $(i = 1, \ldots, m$ und $k = 1, \ldots, n)$ lassen sich übersichtlich in der nachstehenden Tabelle anordnen.

		B			
		t_1	t_2	...	t_n
A	s_1	a_{11}	a_{12}	...	a_{1n}
	s_2	a_{21}	a_{22}		a_{2n}
	⋮	⋮	⋮		⋮
	s_m	a_{m1}	a_{m2}	...	a_{mn}

Es sei angenommen, daß das obige Spiel häufig wiederholt wird. Dabei wähle der Spieler A die Strategie s_1 mit der Wahrscheinlichkeit x_1, die Strategie s_2 mit der Wahrscheinlichkeit $x_2, \ldots,$ die Strategie s_m mit der Wahrscheinlichkeit x_m. Desgleichen überlasse auch B die Wahl seiner Strategie einem Zufallsmechanismus. Für die Strategie t_1 betrage die Wahrscheinlichkeit y_1, für t_2 $y_2, \ldots,$ für t_n schließlich y_n. Da der Spieler A die Strategie s_i mit der Wahrscheinlichkeit x_i, der Spieler B die Strategie t_k mit der Wahrscheinlichkeit y_k wählt, erfolgt die Auszahlung a_{ik} aufgrund der Unabhängigkeit der Ereignisse mit der Wahrscheinlichkeit $x_i\, y_k$. Hierdurch berechnet sich der Erwartungswert für die Auszahlung mit Hilfe der Formel

$$E = x_1\, y_1\, a_{11} + x_1\, y_2\, a_{12} + \ldots + x_1\, y_n\, a_{1n} + x_2\, y_1\, a_{21} + x_2\, y_2\, a_{22} + \ldots$$
$$\ldots + x_2\, y_n\, a_{2n} + \ldots + x_m\, y_1\, a_{m1} + x_m\, y_2\, a_{m2} + \ldots + x_m\, y_n\, a_{mn}.$$

Wir untersuchen diesen Erwartungswert zunächst aus der Sicht des Spielers A.

Sollte B ständig die Strategie t_1 wählen, berechnet A seine mathematische Erwartung als

$$E_1 = x_1\, a_{11} + x_2\, a_{21} + \ldots + x_m\, a_{m1}\ .$$

Analog wird E_2 bestimmt, falls B nur die Strategie t_2 anwendet. Gleiche Überlegungen führen zu E_3 bis E_n.

$$E_2 = x_1\, a_{12} + x_2\, a_{22} + \ldots + x_m\, a_{m2}$$
$$E_3 = x_1\, a_{13} + x_2\, a_{23} + \ldots + x_m\, a_{m3}$$
$$\cdots\cdots\cdots\cdots$$
$$E_n = x_1\, a_{1n} + x_2\, a_{2n} + \ldots + x_m\, a_{mn}$$

Nun sei $u = \min(E_1, E_2, \ldots, E_n)$. Dann gelten folgende Beziehungen:

$$
\begin{array}{ll}
\text{I} & x_1 + x_2 + \ldots + x_m = 1 \\
\text{II} & x_1 a_{11} + x_2 a_{21} + \ldots + x_m a_{m1} \geqslant u \\
 & x_1 a_{12} + x_2 a_{22} + \ldots + x_m a_{m2} \geqslant u \\
 & \cdot\;\cdot\;\cdot\;\cdot\;\cdot\;\cdot\;\cdot\;\cdot\;\cdot\;\cdot\;\cdot\;\cdot \\
 & x_1 a_{1n} + x_2 a_{2n} + \ldots + x_m a_{mn} \geqslant u \\
\text{III} & x_i \geqslant 0 \text{ für } i = 1, \ldots, m
\end{array}
\tag{3.1}
$$

Spielt der Spieler B die Strategien $t_1, t_2, \ldots, t_n$ mit den Wahrscheinlichkeiten $y_1, y_2, \ldots, y_n$, so erhalten wir

$$E = y_1 E_1 + y_2 E_2 + \ldots + y_n E_n \geqslant y_1 u + y_2 u + \ldots + y_n u,$$

also $E \geqslant u$. Damit folgt aber diese Ungleichung aus den n Ungleichungen in II und braucht deshalb nicht zusätzlich aufgeführt zu werden. Das Ziel von A ist es nun, die Wahrscheinlichkeiten $x_1, x_2, \ldots, x_m$ so zu bestimmen, daß sie die Bedingungen (3.1) erfüllen und u zu einem Maximum machen.

Wir untersuchen jetzt die mathematische Erwartung E vom Standpunkt des Spielers B aus.

Falls A nur die Strategie s_1 anwendet, berechnet B seinen Erwartungswert E_1^* als

$$E_1^* = y_1 a_{11} + y_2 a_{12} + \ldots + y_n a_{1n} .$$

Entsprechend bestimmen wir E_2^*, wenn A ständig s_2 spielt. Analoge Überlegungen lassen uns E_3^* bis E_m^* gewinnen.

$$
\begin{array}{l}
E_2^* = y_1 a_{21} + y_2 a_{22} + \ldots + y_n a_{2n} \\
\cdot\;\cdot\;\cdot\;\cdot\;\cdot\;\cdot\;\cdot\;\cdot\;\cdot\;\cdot\;\cdot\;\cdot \\
E_m^* = y_1 a_{m1} + y_2 a_{m2} + \ldots + y_n a_{mn}
\end{array}
$$

Setzen wir $\max(E_1^*, E_2^*, \ldots, E_m^*) = w$, so erhalten wir nachstehende Beziehungen

$$
\begin{array}{ll}
\text{I}^* & y_1 + y_2 + \ldots + y_n = 1 \\
\text{II}^* & y_1 a_{11} + y_2 a_{12} + \ldots + y_n a_{1n} \leqslant w \\
 & y_1 a_{21} + y_2 a_{22} + \ldots + y_n a_{2n} \leqslant w \\
 & \cdot\;\cdot\;\cdot\;\cdot\;\cdot\;\cdot\;\cdot\;\cdot\;\cdot\;\cdot\;\cdot\;\cdot \\
 & y_1 a_{m1} + y_2 a_{m2} + \ldots + y_n a_{mn} \leqslant w \\
\text{III}^* & y_k \geqslant 0 \text{ für } k = 1, \ldots, n .
\end{array}
\tag{3.2}
$$

Sollte der Spieler A die Strategien $s_1, s_2, \ldots, s_m$ mit den Wahrscheinlichkeiten $x_1, x_2, \ldots, x_m$ wählen, gilt

$$E = x_1 E_1^* + x_2 E_2^* + \ldots + x_m E_m^* \leqslant x_1 w + x_2 w + \ldots + x_m w,$$

also $E \leqslant w$.

Wie oben folgt demnach diese Ungleichung bereits aus den Ungleichungen II* und kann deshalb fortgelassen werden.

Der Spieler B versucht die Wahrscheinlichkeiten $y_1, y_2, \ldots, y_n$ derart zu bestimmen, daß diese (3.2) erfüllen und w zu einem Minimum machen.

Das Auffinden der Lösungen von (3.1) bzw. (3.2) gelingt uns leichter, wenn wir voraussetzen, daß alle a_{ik} positiv sind. Sollte diese Bedingung nicht erfüllt sein, addieren wir zu allen Auszahlungswerten eine hinreichend große Zahl und betrachten diese neuen Hilfsauszahlungswerte. Die strategischen Überlegungen werden durch diese Umformung aber nicht berührt. Dadurch können wir annehmen, daß sowohl u als auch w positiv sind.

Zunächst dividieren wir die Gleichung und alle Ungleichungen in (3.1) durch $u > 0$ und führen $\hat{x}_i = \frac{x_i}{u}$ ein. Die Gleichung I aus (3.1) geht dann über in

$$\hat{x}_1 + \hat{x}_2 + \ldots + \hat{x}_m = \frac{1}{u} \quad .$$

Da der Spieler A den maximalen Wert von u sucht, ist das gleichbedeutend mit dem minimalen Wert von $\frac{1}{u}$. Die neue Aufgabe können wir demnach wie folgt formulieren:

$$\begin{array}{ll} \hat{\text{I}} & \hat{x}_1 + \hat{x}_2 + \ldots + \hat{x}_m \rightarrow \min \\ \hat{\text{II}} & a_{11} \hat{x}_1 + a_{21} \hat{x}_2 + \ldots + a_{m1} \hat{x}_m \geqslant 1 \\ & a_{12} \hat{x}_1 + a_{22} \hat{x}_2 + \ldots + a_{m2} \hat{x}_m \geqslant 1 \\ & \ldots\ldots\ldots\ldots\ldots\ldots \\ & a_{1n} \hat{x}_1 + a_{2n} \hat{x}_2 + \ldots + a_{mn} \hat{x}_m \geqslant 1 \\ \widehat{\text{III}} & \hat{x}_i \geqslant 0 \text{ für } i = 1, \ldots, m \end{array} \qquad (3.3)$$

Indem wir jede Beziehung von (3.2) durch $w > 0$ dividieren und die Größe $\frac{y_k}{w}$ durch $\hat{y}_k$ ersetzen, erkennen wir wegen

$$\hat{y}_1 + \hat{y}_2 + \ldots + \hat{y}_n = \frac{1}{w} \quad ,$$

daß das System (3.2) in Verbindung mit dem Ziel von B in

$$
\begin{array}{lll}
\hat{\mathrm{I}}^* & \hat{y}_1 + \hat{y}_2 + \ldots + \hat{y}_n \to \max & \\
\hat{\mathrm{II}}^* & a_{11}\,\hat{y}_1 + a_{12}\,\hat{y}_2 + \ldots + a_{1n}\,\hat{y}_n \leq 1 & \\
 & a_{21}\,\hat{y}_1 + a_{22}\,\hat{y}_2 + \ldots + a_{2n}\,\hat{y}_n \leq 1 & (3.4) \\
 & \ldots\ldots\ldots\ldots\ldots & \\
 & a_{m1}\,\hat{y}_1 + a_{m2}\,\hat{y}_2 + \ldots + a_{mn}\,\hat{y}_n \leq 1 & \\
\hat{\mathrm{III}}^* & \hat{y}_k \geq 0 \text{ für } k = 1, \ldots, n &
\end{array}
$$

übergeht.

Während der Spieler A an der Lösung der LO-Aufgabe (3.3) interessiert ist, versucht der Spieler B die dazu duale Aufgabe (3.4) zu lösen. Da die rechten Terme in $\hat{\mathrm{II}}^*$ stets den Wert Eins haben, besitzt die auf die Normalform gebrachte LO-Aufgabe zu (3.4) eine erste zulässige Basislösung. Nach dem Beweis des Simplexalgorithmus im Abschnitt 4.3 muß wegen $0 \leq \min a_{ik} \leq w$ und der daraus folgenden Beschränkung von $\hat{y}_1 + \hat{y}_2 + \ldots + \hat{y}_n$ nach oben eine optimale zulässige Basislösung nach endlich vielen Schritten erreicht werden. Diese Lösung sei durch den Vektor y_0' dargestellt, wobei $Z(y_0') = \frac{1}{w_{min}}$ gelte. Nach dem Dualitätstheorem ist dann auch das Problem (3.3) optimal lösbar. Aufgrund der am Ende des Beweises zum Satz 2.3 dieses Kapitels erhaltenen Beziehung erkennen wir schließlich, daß die Werte der Zielfunktion in (3.3) und (3.4) bei optimaler Lösung übereinstimmen, d. h.

$$\frac{1}{w_{min}} = \frac{1}{u_{max}} \text{ bzw. } w_{min} = u_{max} .$$

Die so gefundene Größe $v = w_{min} = u_{max}$ bezeichnen wir als den Wert des Spiels. Aus $\hat{x}_i = \frac{x_i}{u_{max}}$ für $i = 1, \ldots, m$ kann jetzt der Spieler A seine gesuchten Wahrscheinlichkeiten berechnen. Analog erhält der Spieler B aus $\hat{y}_k = \frac{y_k}{w_{min}}$ seine gewünschten Wahrscheinlichkeiten $y_1, y_2, \ldots, y_n$. Wir können abschließend feststellen, daß sich der Spieler A bei optimaler Spielweise und hinreichend vielen Partien den durchschnittlichen Gewinn v pro Spiel stets sichern kann. Wendet aber B nicht die oben gefundene optimale gemischte Strategie an, kann der Spieler A im Durchschnitt niemals weniger als v Geldeinheiten pro Spiel gewinnen. Oft wird er jedoch seinen Gewinn zu seinen Gunsten verändern können. Wählt umgekehrt der Spieler B seine berechnete optimale gemischte Strategie, kann er bei genügend häufig wiederholten Partien höchstens den durchschnittlichen Verlust v pro Spiel erleiden, gleichgültig, wie sich der Spieler A verhält.

Wir wollen die dargestellte Theorie an einem einfachen Beispiel erläutern: Jeder der beiden Kontrahenten besitze in seiner Tasche ein 5-Pfennigstück, ein 10-Pfennigstück und ein 50-Pfennigstück. Die beiden Spieler greifen in die Tasche und wählen ein beliebiges Geldstück, das sie gleichzeitig auf den Tisch legen. Damit besitzt jeder Spieler drei Strategien, wobei s_1 und t_1 die Wahl des 5-Pfennigstücks, s_2 und t_2 die Wahl des 10-Pfennigstücks und schließlich s_3 und t_3 die Wahl des 50-Pfennigstücks bedeuten. Die Auszahlungswerte seien folgendermaßen vereinbart:

		B		
		t_1	t_2	t_3
A	s_1	0	−1	0
	s_2	−1	2	0
	s_3	2	0	−1

Die nachstehende Hilfstabelle entsteht aus dem vorherigen Schema durch Addition der Zahl 2 zu allen Auszahlungswerten.

	t_1	t_2	t_3
s_1	2	1	2
s_2	1	4	2
s_3	4	2	1

Die sich für den Spieler B ergebende lineare Optimierungsaufgabe

$$\begin{array}{ll} \text{I} & \hat{y}_1 + \hat{y}_2 + \hat{y}_3 \to \max \\ \text{II} & 2\hat{y}_1 + \hat{y}_2 + 2\hat{y}_3 \leq 1 \\ & \hat{y}_1 + 4\hat{y}_2 + 2\hat{y}_3 \leq 1 \\ & 4\hat{y}_1 + 2\hat{y}_2 + \hat{y}_3 \leq 1 \\ \text{III} & \hat{y}_k \geq 0 \text{ für } k = 1, 2, 3 \end{array}$$

lösen wir nach der Einführung von drei Schlupfvariablen $\hat{x}_1$, $\hat{x}_2$ und $\hat{x}_3$ nach dem Simplexverfahren.

		$\hat{y}_1$	$\hat{y}_2$	$\hat{y}_3$	$\hat{x}_1$	$\hat{x}_2$	$\hat{x}_3$
	0	1	1	1	0	0	0
$\hat{x}_1$	1	2	1	2	1	0	0
$\hat{x}_2$	1	1	4	2	0	1	0
$\hat{x}_3$	1	$\boxed{4}$	2	1	0	0	1
	$-\frac{1}{4}$	0	$\frac{1}{2}$	$\frac{3}{4}$	0	0	$-\frac{1}{4}$
$\hat{x}_1$	$\frac{1}{2}$	0	0	$\boxed{\frac{3}{2}}$	1	0	$-\frac{1}{2}$
$\hat{x}_2$	$\frac{3}{4}$	0	$\frac{7}{2}$	$\frac{7}{4}$	0	1	$-\frac{1}{4}$
$\hat{y}_1$	$\frac{1}{4}$	1	$\frac{1}{2}$	$\frac{1}{4}$	0	0	$\frac{1}{4}$
	$-\frac{1}{2}$	0	$\frac{1}{2}$	0	$-\frac{1}{2}$	0	0
$\hat{y}_3$	$\frac{1}{4}$	0	0	$\frac{3}{4}$	$\frac{1}{2}$	0	$-\frac{1}{4}$
$\hat{x}_2$	$\frac{1}{6}$	0	$\boxed{\frac{7}{2}}$	0	$-\frac{7}{6}$	1	$\frac{1}{3}$
$\hat{y}_1$	$\frac{1}{6}$	1	$\frac{1}{2}$	0	$-\frac{1}{6}$	0	$\frac{1}{3}$
	$-\frac{11}{21}$	0	0	0	$-\frac{1}{3}$	$-\frac{1}{7}$	$-\frac{1}{21}$
$\hat{y}_3$	$\frac{1}{4}$	0	0	$\frac{3}{4}$	$\frac{1}{2}$	0	$-\frac{1}{4}$
$\hat{y}_2$	$\frac{1}{42}$	0	$\frac{1}{2}$	0	$-\frac{1}{6}$	$\frac{1}{7}$	$\frac{1}{21}$
$\hat{y}_1$	$\frac{1}{7}$	1	0	0	0	$-\frac{1}{7}$	$\frac{2}{7}$

Die Lösung lautet: $\hat{y}_1 = \frac{1}{7}$, $\hat{y}_2 = \frac{1}{21}$, $\hat{y}_3 = \frac{1}{3}$, $\frac{1}{w_{min}} = \frac{11}{21}$

Daraus ergeben sich die vom Spieler B gesuchten Wahrscheinlichkeiten:

$$y_1 = \frac{1}{7} \cdot \frac{21}{11} = \frac{3}{11}, \quad y_2 = \frac{1}{21} \cdot \frac{21}{11} = \frac{1}{11}, \quad y_3 = \frac{1}{3} \cdot \frac{21}{11} = \frac{7}{11} .$$

Der Wert des ursprünglichen Spiels ist $v = \frac{21}{11} - 2 = -\frac{1}{11}$. Das betrachtete Spiel ist demnach für den Spieler A nachteilig.

Aus der letzten Simplextabelle lassen sich die Lösungen der dualen Aufgabe ablesen.

$$\hat{x}_1 = \frac{1}{3}, \quad \hat{x}_2 = \frac{1}{7}, \quad \hat{x}_3 = \frac{1}{21}$$

Der Spieler A wählt also seine Strategien s_1, s_2, s_3 mit den Wahrscheinlichkeiten

$$x_1 = \frac{1}{3} \cdot \frac{21}{11} = \frac{7}{11}, \quad x_2 = \frac{1}{7} \cdot \frac{21}{11} = \frac{3}{11}, \quad x_3 = \frac{1}{21} \cdot \frac{21}{11} = \frac{1}{11} \quad .$$

5.4. Übungsaufgaben

1. Man löse mit Hilfe der dualen Aufgabe:

I $\quad Z = 5x_1 + 4x_2 + 2x_3 \rightarrow \min$

II $\quad x_1 + 2x_2 + x_3 \geqslant 8$

$\quad x_1 + x_2 \geqslant 6$

$\quad x_1 + x_3 \geqslant 3$

III $\quad x_1 \geqslant 0, x_2 \geqslant 0, x_3 \geqslant 0$.

2. Man löse die Aufgabe

I $\quad Z = x_1 + x_2 - x_3 \rightarrow \min$

II $\quad x_1 + x_2 + 2x_3 \geqslant 8$

$\quad x_1 - x_2 + 4x_3 \geqslant 10$

III $\quad x_1 \geqslant 0, x_2 \geqslant 0, x_3 \geqslant 0$

mit Hilfe der dualen Methode.

3. Zwei Personen spielen das Stein-Papier-Schere-Spiel. Dabei sollen s_1 bzw. t_1 Stein, s_2 bzw. t_2 Papier und schließlich s_3 bzw. t_3 Schere bedeuten. In der folgenden Tabelle bringen wir den Sachverhalt, daß das Papier den Stein, die Schere das Papier und der Stein die Schere besiegt, durch die Zahlen 1 bzw. -1 zum Ausdruck. Z. B. ist $a_{13} = 1$, da der Stein des Spielers A die Schere des Spielers B bezwingt. Ferner gilt $a_{12} = -1$, da der Stein von A dem Papier von B unterliegt. Wählen beide Spieler den gleichen Gegenstand, geht das Spiel unentschieden aus, was wir durch Null andeuten.

		B		
		t_1	t_2	t_3
A	s_1	0	−1	1
	s_2	1	0	−1
	s_3	−1	1	0

Man berechne die Wahrscheinlichkeiten, mit denen die beiden Spieler ihre Strategien bestimmen.

6. Revidierte Simplexmethode

6.1. Theorie der revidierten Simplexmethode

Während wir beim bisher betrachteten Simplexverfahren jede auftretende Tabelle vollständig ausgefüllt haben, werden wir im folgenden eine gekürzte Methode kennenlernen, die es uns auch gestattet, alle zur Durchführung des Algorithmus entscheidenden Größen zu finden. Diese Methode wird als revidierte Simplexmethode bezeichnet und wurde hauptsächlich zur Anwendung auf ADV-Anlagen entwickelt. Der Vorteil dieses revidierten Simplexverfahrens liegt darin, daß

a) weniger Daten beim Aufstellen einer Simplextabelle gespeichert zu werden brauchen, was wegen der Begrenzung der Speicherkapazität einer ADV-Anlage wünschenswert ist,

b) die in der Matrix A der Nebenbedingungen häufig auftretenden Nullen beim Simplexverfahren meist schon nach der ersten Iteration in von Null verschiedene Elemente übergeführt werden, während bei der revidierten Simplexmethode nur ein Teil der Matrix A verändert wird, so daß eine größere Zahl von Nullen erhalten bleibt,

c) die Ausgangsdaten häufig wiederbenutzt werden, so daß Aufrundungsfehler weitaus langsamer entstehen als beim früher beschriebenen Simplexverfahren.

Jedoch hat auch diese revidierte Simplexmethode gegenüber dem Simplexverfahren Nachteile. So wird beispielsweise oft langsamer festgestellt, ob eine Aufgabe unlösbar ist.

Zur Beschreibung der Grundlagen der revidierten Simplexmethode gehen wir von der Normalform einer LO-Aufgabe

$$\text{I} \qquad Z = \sum_{i=1}^{n} p_i x_i \to \max$$

$$\text{II} \qquad \begin{aligned} a_{11} x_1 + \ldots + a_{1n} x_n &= b_1 \\ &\vdots \\ a_{m1} x_1 + \ldots + a_{mn} x_n &= b_m \end{aligned}$$

$$\text{III} \qquad x_i \geqslant 0 \text{ für } i = 1, \ldots, n$$

aus, wobei wir fordern, daß eine erste zulässige Basislösung mit $x_{B_1} = b_1 \geqslant 0, \ldots, x_{B_m} = b_m \geqslant 0$ gegeben (vgl. Bemerkung am Ende des Abschnitts 6.2) und die Zielfunktion nur durch die Nichtbasisvariablen der ersten zulässigen Basislösung ausgedrückt sind. Hierdurch dürfen wir voraussetzen, daß der Spaltenvektor a_{B_i} der einfachen Matrix des Gleichungssystems ein Einheitsvektor ist, dessen i-te Komponente Eins ist und dessen übrige Komponenten Null sind. Neben dieser Menge von Basisvektoren der ersten zulässigen Basislösung existiere eine von dieser verschiedene Menge von m linear unabhängigen Spaltenvektoren aus A. Um das im folgenden zu beschreibende revidierte Simplexverfahren möglichst einfach begründen zu können, nehmen wir an, daß diese neuen m linear unabhängigen Vektoren in den ersten m Spalten der Matrix A von II stehen. Dies läßt sich durch Umbenennung der Variablen stets erreichen. Abkürzend setzen wir

$$A = \left(\begin{array}{ccc|ccc} a_{11} & \dots & a_{1m} & a_{1m+1} & \dots & a_{1n} \\ \vdots & & & & & \\ a_{m1} & \dots & a_{mm} & a_{mm+1} & \dots & a_{mn} \end{array}\right) = (A_1 \mid A_2),$$

$$x' = (x_1, \dots, x_m \mid x_{m+1}, \dots, x_n) = (\bar{x}_1' \mid \bar{x}_2'),$$

$$a_k' = (a_{1k}, a_{2k}, \dots, a_{mk}),$$

$$e_i' = (\overbrace{\underbrace{0, \dots, 0, 1}_{\text{i Komponenten}}, 0, \dots, 0}^{\text{m Komponenten}}).$$

In dieser Schreibweise lassen sich die Koeffizienten d_i der nur durch die neuen Nichtbasisvariablen $x_{m+1}, \dots, x_n$ ausgedrückten Zielfunktion nach (2.5) des Abschnitts 4.2 als $p_2' - p_1' A_1^{-1} A_2$ darstellen, woraus entsprechend der Herleitung von (2.9) aus (2.8) des Abschnitts 5.2

$$(d_1, \dots, d_n) = \bar{p}'' - \bar{p}_1' A_1^{-1} A$$

folgt. Hiermit erhalten wir

$$d_k = p_k - p_1' A_1^{-1} a_k \text{ für } k = 1, \dots, n\ . \tag{1.1}$$

Ist der der Basisvariablen x_{B_i} der ersten zulässigen Basislösung zugehörige Koeffizient d_{B_i} $(i = 1, \dots, m)$, so gilt wegen $p_{B_i} = 0$ und $a_{B_i} = e_i$

$$d_{B_i} = 0 - p_1' A_1^{-1} e_i \quad \text{für } i = 1, \dots, m\ .$$

Das liefert die Beziehung

$$p_1' A_1^{-1} = p_1' A_1^{-1} (e_1, \dots, e_m) = -(d_{B_1}, \dots, d_{B_m}). \tag{1.2}$$

Haben wir aber die Größen d_{B_i} mit Hilfe des früher beschriebenen Simplexverfahrens bestimmt, lassen sich alle übrigen d_k wegen (1.1) und (1.2) aus

$$d_k = p_k + (d_{B_1}, \dots, d_{B_m})\ a_k \quad \text{für } k = 1, \dots, n \tag{1.3}$$

berechnen. Diese Zahlen d_k erlauben es uns, eine Entscheidung über die Verbesserung der neuen zulässigen Basislösung zu treffen.

Durch linksseitige Multiplikation des Gleichungssystems $Ax = b$ mit A_1^{-1} erhalten wir eine zweite Basisdarstellung der allgemeinen Lösung, die uns gleichzeitig eine neue vollständige Simplextabelle liefert. Betrachten wir die Matrix aus den den Basisvariablen der ersten zulässigen Basislösung entsprechenden Einheitsvektoren $(e_1, \ldots, e_m) = E$, so erkennen wir, daß E durch Multiplikation mit A_1^{-1} in A_1^{-1} übergeht. Weiterhin wird bei dieser Umformung aus einem beliebigen Spaltenvektor a_k von A der transformierte Vektor

$$a_k^* = A_1^{-1} a_k \text{ für } k = 1, \ldots, n. \tag{1.4}$$

Die vorstehenden Erläuterungen zeigen, daß es für den Algorithmus der revidierten Simplexmethode genügt, nur alle beim Simplexverfahren genannten Umformungen für den Teil der Simplextabelle durchzuführen, der den Basisvariablen der ersten zulässigen Basislösung entspricht. Mit Hilfe von (1.2) und (1.3) lassen sich sodann alle zur Entscheidung beim Lösungsverfahren nötigen Größen gewinnen. Für die praktische Lösung einer LO-Aufgabe können wir natürlich auf die obige Annahme der linearen Unabhängigkeit der ersten m Spaltenvektoren in A verzichten.

6.2. Lösungsalgorithmus

Die revidierte Simplexmethode arbeitet nun mit einer Zahl von Grundtabellen (gekürzte Simplextabellen) und mit einer Hilfstabelle. In jeder Grundtabelle berechnen wir die inverse Matrix der die Basisvektoren enthaltenden Teilmatrix A_1 von A und die Größen $d_{B_{s_i}}$ für $i = 1, \ldots, m$. Hieraus gewinnen wir die übrigen Zahlen d_k, die wir zusammen mit allen $d_{B_{s_i}}$ in die Hilfstabelle eintragen. Zur Erläuterung wählen wir das im Abschnitt 3.4 in der Tabelle 6 gelöste Problem. Die erste Grundtabelle

	BV	0	0	0	0	4	$\frac{b_i}{a_{i1}}$ für $a_{i1} > 0$
	x_4	4	1	0	0	1	4
←	x_5	2	0	1	0	$\boxed{1}$	2
	x_6	1	0	0	1	−1	–

enthält in der ersten Spalte die Basisvariablen der ersten zulässigen Basislösung. Im Schnittpunkt der ersten Zeile und zweiten Spalte erscheint der Wert der Zielfunktion für die erste zulässige Basislösung. Darunter stehen die absoluten Glieder $b_1 = 4$, $b_2 = 2$ und $b_3 = 1$. In der dritten, vierten und fünften Spalte sind unter der ersten Zeile die den Basisvariablen der ersten zulässigen Basislösung entsprechenden Einheitsvektoren aufgeführt. Darüber sind die Werte $p_4 = 0$, $p_5 = 0$ und $p_6 = 0$ eingetragen. Der größte positive Koeffizient der nur durch die Nichtbasisvariablen ausgedrückten Zielfunktion ist $p_1 = 4$ und wird im Schnittpunkt der ersten Zeile und sechsten Spalte angegeben. Darunter steht der zugehörige Vektor a_1. Durch die in der siebenten Spalte angegebenen Quotienten $\frac{b_i}{a_{i1}}$ für $a_{i1} > 0$ wird entschieden, daß x_1 neue Basisvariable und x_5 neue Nichtbasisvariable wird. Anschließend nehmen wir den vom Simplexverfahren bekannten Variablenaustausch vor und gewinnen:

Tabelle 17

	BV	−8	0	−4	0
	x_4	2	1	−1	0
→	x_1	2	0	1	0
	x_6	3	0	1	1

Die gefundenen Koeffizienten $d_{B_1} = 0$, $d_{B_2} = -4$, $d_{B_3} = 0$ der nur durch die Nichtbasisvariablen der zweiten zulässigen Basislösung ausgedrückten Zielfunktion tragen wir in die nachstehende Hilfstabelle in der sechsten Zeile ein und berechnen mit Hilfe von (1.3) die weiteren Größen d_1, d_2, d_3, wobei $d_1 = 0$ schon oben gefunden wurde.

	a_1	a_2	a_3	a_4	a_5	a_6
	1	0	−1	1	0	0
	1	−1	0	0	1	0
	−1	1	1	0	0	1
p'	4	2	−2	0	0	0
d_k der 1. Iteration	0	6	−2	0	−4	0

Zum Beispiel ist

$$\begin{aligned} d_2 &= p_2 + (0, -4, 0)\, a_2 \\ &= 2 + 0 \cdot 0 + (-4)(-1) + 0 \cdot 1 \\ &= 6 \end{aligned}$$

In der nur durch die Nichtbasisvariablen der zweiten zulässigen Basislösung ausgedrückten Zielfunktion $Z = 0 \cdot x_1 + 6x_2 - 2x_3 + 0 \cdot x_4 - 4x_5 + 0 \cdot x_6$ tritt noch ein positiver Koeffizient auf, nämlich $d_2 = 6$. Folglich verbessern wir den Wert der Zielfunktion, wenn wir x_2 neue Basisvariable werden lassen. Um die alte Basisvariable zu finden, die durch x_2 ersetzt wird, bilden wir mit Hilfe von (1.4) zunächst

$$a_2^* = A_1^{-1}\, a_2 = \begin{pmatrix} 1 & -1 & 0 \\ 0 & 1 & 0 \\ 0 & 1 & 1 \end{pmatrix} \begin{pmatrix} 0 \\ -1 \\ 1 \end{pmatrix} = \begin{pmatrix} 1 \\ -1 \\ 0 \end{pmatrix}.$$

Nach dem Eintragen von a_2^* und $d_2 = 6$ in die Tabelle 17 gewinnen wir:

	BV	−8	0	−4	0	6	$\frac{b_i^*}{a_{i2}^*}$ für $a_{i2}^* > 0$
←	x_4	2	1	−1	0	[1]	2
→	x_1	2	0	1	0	−1	–
	x_6	3	0	1	1	0	–

x_4 ist demnach gegen x_2 auszutauschen.

Tabelle 18

	BV	−20	−6	2	0
→	x_2	2	1	−1	0
	x_1	4	1	0	0
	x_6	3	0	1	1

Die neuen Beurteilungen $\hat{d}_{B_1} = -6$, $\hat{d}_{B_2} = 2$ und $\hat{d}_{B_3} = 0$ schreiben wir in die siebente Zeile der Hilfstabelle und berechnen wiederum noch $\hat{d}_3$, da $\hat{d}_1 = \hat{d}_2 = 0$ sind.

$$\hat{d}_3 = p_3 + (-6, 2, 0)\, a_3 = -2 + (-6)(-1) + 2 \cdot 0 + 0 \cdot 1$$
$$= 4$$

	a_1	a_2	a_3	a_4	a_5	a_6
	1	0	−1	1	0	0
	1	−1	0	0	1	0
	−1	1	1	0	0	1
0. Iteration	4	2	−2	0	0	0
1. Iteration	0	6	−2	0	−4	0
2. Iteration	0	0	4	−6	2	0

Da $\hat{d}_3 = 4 > 0$ ist, kann die in Tabelle 18 gefundene Lösung verbessert werden. Zu diesem Zweck bestimmen wir $\hat{a}_3$.

$$\hat{a}_3 = A_1^{*-1} a_3 = \begin{pmatrix} 1 & -1 & 0 \\ 1 & 0 & 0 \\ 0 & 1 & 1 \end{pmatrix} \begin{pmatrix} -1 \\ 0 \\ 1 \end{pmatrix} = \begin{pmatrix} -1 \\ -1 \\ 1 \end{pmatrix}$$

$\hat{a}_3$ und $\hat{d}_3 = 4$ tragen wir in die Tabelle 18 ein, berechnen die Elemente der letzten Spalten und nehmen den Variablenaustausch vor.

	BV	−20	−6	2	0	4	
→	x_2	2	1	−1	0	−1	–
	x_1	4	1	0	0	−1	–
←	x_6	3	0	1	1	[1]	3
		−32	−6	−2	−4		
	x_2	5	1	0	1		
	x_1	7	1	1	1		
→	x_3	3	0	1	1		

Da x_1, x_2, x_3 Basisvariable sind ($\tilde{d}_1 = 0, \tilde{d}_2 = 0, \tilde{d}_3 = 0$), ist die optimale zulässige Basislösung gefunden. Sie lautet

$$x_1 = 7, x_2 = 5, x_3 = 3, x_4 = 0, x_5 = 0, x_6 = 0.$$

Aus Gründen der besseren Übersicht fassen wir die einzelnen Schritte zusammen:

α Hilfstabelle

	a_1	a_2	a_3	a_4	a_5	a_6
	1	0	−1	1	0	0
	1	−1	0	0	1	0
	−1	1	1	0	0	1
0	4	2	−2	0	0	0
1	0	6	−2	0	−4	0
2	0	0	4	−6	2	0
3	0	0	0	−6	−2	−4

β Grundtabellen

	BV	0	0	0	0	4	
	x_4	4	1	0	0	1	4
←	x_5	2	0	1	0	[1]	2
	x_6	1	0	0	1	−1	–
		−8	0	−4	0	6	
←	x_4	2	1	−1	0	[1]	2
→	x_1	2	0	1	0	−1	–
	x_6	3	0	1	1	0	–
		−20	−6	2	0	4	
→	x_2	2	1	−1	0	−1	–
	x_1	4	1	0	0	−1	–
←	x_6	3	0	1	1	[1]	3
		−32	−6	−2	−4		
	x_2	5	1	0	1		
	x_1	7	1	1	1		
→	x_3	3	0	1	1		

Bemerkung:

Wir sind bei der Beschreibung des revidierten Simplexalgorithmus von der Voraussetzung ausgegangen, daß eine erste zulässige Basislösung bekannt ist. Das ist nach den Ausführungen des Abschnitts 4.5 zulässig. Im übrigen läßt sich die dort beschriebene Hilfsaufgabe auch mit Hilfe des revidierten Simplexverfahrens lösen.

6.3. Übungsaufgaben

1. Man löse mit Hilfe der revidierten Simplexmethode

I $Z = -10x_1 - 7x_2 - 2x_3 \rightarrow \max$

II $3x_1 + 3x_2 + x_3 \geqslant 1$

$5x_1 + 2x_2 \geqslant 1$

III $x_i \geqslant 0$ für $i = 1, 2, 3$.

2. Man löse mit Hilfe der revidierten Simplexmethode:

I $Z = -x_5 - x_6 \rightarrow \max$

II $2x_1 + x_2 - x_3 + x_5 = 8$

$x_1 + 3x_2 - x_4 + x_6 = 9$

III $x_i \geqslant 0$ für $i = 1, \ldots, 6$.

7. Spezielle Aufgaben der linearen Optimierung

7.1. Klassisches Transportproblem

Eines der ältesten Beispiele der linearen Optimierung ist das Transportproblem. Da oft Entstehungs- und Bedarfsorte von Gütern weit voneinander entfernt sind, müssen Transporte für diese Waren durchgeführt werden. Das Ziel einer jeden Planung wird es dabei sein, auftretende Gesamttransportkosten so niedrig wie nur möglich zu halten. Um Verfahren der linearen Optimierung zur Lösung solcher Probleme heranziehen zu können, müssen alle an den Entstehungsorten gewonnenen Güter gleichartig und für alle Verbraucher gleich gut verwendbar sein. Oft sind diese Bedingungen nicht gegeben. So besitzen beispielsweise Kohlen verschiedener Gruben unterschiedliche Eigenschaften.

Wir wollen im folgenden nur den Transport eines Gutes behandeln. Dieses Gut komme in den Orten A_i ($i = 1, \ldots, m$) in den Mengen a_i vor und werde in den Orten B_k ($k = 1, \ldots, n$) in den Mengen b_k benötigt. Die Transportkosten für die Mengeneinheit des Gutes von A_i nach B_k sind durch die Bewertungszahlen c_{ik} gegeben. Die Transportmenge x_{ik} vom Aufkommensort A_i zum Bedarfsort B_k ist so zu bestimmen, daß die Gesamttransportkosten minimal werden. Aus Gründen der Zweckmäßigkeit verlangen wir zunächst, daß das Gesamtaufkommen gleich dem Gesamtbedarf ist.

$$\sum_{i=1}^{m} a_i = \sum_{k=1}^{n} b_k$$

Damit lautet das mathematische Modell des Transportproblems:

I $\quad Z = c_{11}\,x_{11} + c_{12}\,x_{12} + \ldots + c_{1n}\,x_{1n} + c_{21}\,x_{21} + \ldots + c_{mn}\,x_{mn} \rightarrow \min$

$$\text{II}\quad \begin{array}{llllll}
x_{11} + x_{12} + \ldots + x_{1n} & & & & = a_1 \\
& x_{21} + x_{22} + \ldots + x_{2n} & & & = a_2 \\
& & \ddots & & \vdots \\
& & & x_{m1} + x_{m2} + \ldots + x_{mn} & = a_m \\
x_{11} & + x_{21} + \ldots & & + x_{m1} & = b_1 \\
\quad x_{12} & \quad + x_{22} + \ldots & & + x_{m2} & = b_2 \\
\qquad \ddots & \qquad \ddots & & \qquad \ddots & \vdots \\
\qquad\quad x_{1n} & \qquad\quad + x_{2n} + \ldots & & + x_{mn} & = b_n
\end{array} \qquad (1.1)$$

III $\quad x_{ik} \geqslant 0$ für $i = 1, \ldots, m$ und $k = 1, \ldots, n$.

Wir zeigen, daß unter der Voraussetzung $\sum\limits_{i=1}^{m} a_i = \sum\limits_{k=1}^{n} b_k$ sowohl der Rang der einfachen als auch der der erweiterten Matrix von (1.1) II $m+n-1$ ist. Es ist

$$A = \begin{pmatrix}
1 & 1 \ldots 1 & 0 & \ldots & & & & 0 \\
0 & \ldots 0 & 1 & 1 \ldots 1 & 0 & & & \cdot \\
\cdot & & 0 & & 1 & 1 \ldots 1 & 0 \ldots & \cdot \\
\cdot & & & & & & & \cdot \\
\cdot & & & & & & & 0 \\
0 & \ldots & & & & 0 & 1 & 1 \ldots 1 \\
1 & 0 \ldots 0 & 1 & 0 \ldots 0 & 1 & 0 \quad \ldots & 0 & 1 \quad 0 \ldots 0 \\
0 & 1 & & 1 & & 1 & & 1 \quad \vdots \\
\cdot & \ddots & & \ddots & & \ddots & & \ddots \quad \vdots \\
\cdot & & \ddots & & \ddots & & \ddots & \ddots \quad 0 \\
0 \ldots 0 & 1 & 0 \ldots 0 & 1 & 0 \ldots 0 & 1 & 0 \quad \ldots & 0 \quad 1
\end{pmatrix} \tag{1.2}$$

Indem wir zur letzten Zeile die $m+1.$, $m+2.$, ..., $m+n-1.$ Zeile addieren und gleichzeitig die $1.$, $2.$, ..., $m.$ Zeile subtrahieren, erhalten wir

$$A_1 = \begin{pmatrix}
1 & 1 \ldots 1 & 0 & \ldots & & & & 0 \\
0 & \ldots 0 & 1 & 1 \ldots 1 & 0 \ldots & & & \cdot \\
\cdot & & & & 1 & 1 \ldots 1 & 0 \ldots & \cdot \\
\cdot & & & & & & & \cdot \\
\cdot & & & & & & & 0 \\
0 & \ldots & & & & 0 & 1 & 1 \ldots 1 \\
1 & 0 \ldots 0 & 1 & 0 \ldots 0 & 1 & 0 \quad \ldots & 0 & 1 \quad 0 \cdots 0 \\
0 & 1 & & 1 & & 1 & & 1 \quad \cdot \\
\cdot & & & & & & & \cdot \\
\cdot & & & & & & & \cdot \\
\cdot & 1 & & 1 & & 1 & & 1 \quad 0 \\
0 & \ldots 0 \; 0 & & \ldots 0 \; 0 & & \ldots \quad 0 \; 0 & 0 \; \ldots & 0
\end{pmatrix}$$

Die letzte Spalte ist ein Einheitsvektor. Wir subtrahieren diesen Spaltenvektor von der $(m-1)n+1.$, $(m-1)n+2.$, ..., $(m-1)n+n-1$. Spalte und lassen dadurch die m. Zeile von A_1 zu einem $m \cdot n$ dimensionalen Einheitsvektor werden. Somit werden die letzten n Spaltenvektoren $(m+n)$ - dimensionale Einheitsvektoren. Durch Subtraktion geeigneter dieser Vektoren von Spaltenvektoren von A_1 erreichen wir, daß A_1 in

$$A_2 = \begin{pmatrix}
1 & 1 \ldots 1 & 0 & \ldots & & & & & 0 \\
0 & \ldots & 0 & 1 & 1 \ldots 1 & 0 & & & \vdots \\
\vdots & & & & 0 & 1 & 1 \ldots 1 & 0 \ldots & \vdots \\
\vdots & & & & & & & & 0 \\
\vdots & & & & & & & & 0\;1 \\
0 & \ldots & & & & & 0 & 1 & 0 \ldots 0 \\
\vdots & & & & & & & \ddots & \vdots \\
\vdots & & & & & & & \ddots & \vdots \\
\vdots & & & & & & & & 1\;0 \\
0 & \ldots & & & & & & & 0\;0
\end{pmatrix}$$

überführt wird. Die ersten $m+n-1$ Zeilenvektoren von A_2 sind aber linear unabhängig, womit bewiesen ist, daß der Rang von A $m+n-1$ ist. Da aber entsprechend dem Übergang von A nach A_1 auch $b_n + \sum_{k=1}^{n-1} b_k - \sum_{i=1}^{m} a_i = 0$ ist, ist der Rang der erweiterten Matrix von (1.1) II ebenfalls $m+n-1$ und das System (1.1) II ist nach dem Satz 1.1 des Abschnitts 2.1 lösbar.

Analog können wir zeigen, daß wir anstelle der letzten Gleichung in (1.1) II eine beliebige andere Gleichung als überflüssig streichen können. Wenn das System (1.1) II den Rang $m+n-1$ besitzt, gewinnen wir eine Basislösung, indem wir $m \cdot n - (m+n-1)$ geeignete Variable von vorneherein Null setzen (Nichtbasisvariable) und gleichzeitig nachweisen, daß die den verbleibenden Variablen in A entsprechenden Spaltenvektoren eine Basis bilden.

Wollten wir das beschriebene Simplexverfahren zur Lösung des Transportproblems benutzen, müßten wie entweder $m+n-1$ künstliche Variable einführen oder bei bekannter erster zulässiger Basislösung das Gleichungssystem (1.1) II nach dem Streichen einer überflüssigen Gleichung derart umformen, daß jede Gleichung genau eine Basisvariable enthält. Beide Lösungswege verlangen einen großen Rechenaufwand. Deshalb geben wir im folgenden einen einfacheren Algorithmus zur Lösung des Transportproblems an, der einen Spezialfall der Simplexmethode darstellt.

Wir schreiben (1.1) II und die Bewertungszahlen in Form der nachstehenden Tabelle.

Tabelle 19

c_{11} x_{11}	c_{12} x_{12}	. . .	c_{1n} x_{1n}	a_1
c_{21} x_{21}	c_{22} x_{22}	. . .	c_{2n} x_{2n}	a_2
⋮	⋮	⋮	⋮	⋮
$c_{m-1,1}$ $x_{m-1,1}$	$c_{m-1,2}$ $x_{m-1,2}$		$c_{m-1,n}$ $x_{m-1,n}$	a_{m-1}
c_{m1} x_{m1}	c_{m2} x_{m2}		c_{mn} x_{mn}	a_m
b_1	b_2		b_n	

Addieren wir die Variablen x_{ik} der i-ten Zeile (k-ten Spalte) der Tabelle 19 und setzen die Summe gleich a_i (b_k), so entsteht die i-te ($m + k -$ te) Gleichung von (1.1) II. In jedem Feld der Transporttabelle 19 finden wir in der linken oberen Ecke die zur Variablen x_{ik} gehörende Bewertungszahl c_{ik}. In Zukunft wollen wir den Wert von x_{ik} nur dann in ein Feld schreiben, falls x_{ik} Basisvariable ist.

7.2. Verteilung der Basisvariablen in der Transporttabelle

Um eine wichtige Eigenschaft der Verteilung der Basisvariablen in der Transporttabelle zu gewinnen, beweisen wir zunächst den

Satz 2.1: Es ist unmöglich, daß $j + l$ Basisvariable sowohl in j oder weniger Zeilen als auch in l oder weniger Spalten der Transporttabelle aufgeführt sind.

Beweis: a) Reicht die Anzahl der Zeilen und Spalten nicht aus, so gilt der Satz von vornherein. Zum Beispiel ist es nicht möglich, in eine Zeile und l Spalten $l + 1$ Variable einzutragen.

b) Wir setzen voraus, daß $j + l$ Variable in den betrachteten Reihen Platz finden können. Die zu besetzenden Zeilen sollen die Indizes $i_1, i_2, \ldots, i_\sigma$ mit $\sigma \leqslant j$ und die Spalten die Indizes $k_1, k_2, \ldots, k_\tau$ mit $\tau \leqslant l$ besitzen. Der beliebig eingetragenen Variablen $x_{i_r k_s}$ ($r = 1, \ldots, \sigma$ und $s = 1, \ldots, \tau$) ist in der Matrix A (1.2) genau ein Spaltenvektor zugeordnet, dessen Komponenten bis auf die i_r-te und $(m + k_s)$-te Null sind. Die beiden nicht verschwindenden Komponenten haben den Wert Eins. Da die $j + l$ Variablen in σ Zeilen und τ Spalten stehen, kann sich die erste nicht verschwindende Komponente nur an σ Stellen, die zweite nicht verschwindende Komponente lediglich an anderen τ Stellen befinden. Deshalb können in der aus den $j + l$ Spaltenvektoren gebildeten Matrix B nur $\sigma + \tau \leqslant j + l$ Zeilen keine Nullvektoren sein. Addieren wir zur $(m + k_\tau)$-ten Zeile die $(m + k_1)$-te, $(m + k_2)$-te, ..., $(m + k_{\tau-1})$-te Zeile und subtrahieren gleichzeitig die i_1-te, i_2-te, ..., i_σ-te Zeile, so erhalten alle Elemente der neuen $(m + k_\tau)$-ten Zeile den Wert Null. Nach den Ausführungen des ersten Kapitels kann also der Zeilenrang und damit auch der Spaltenrang von B höchstens $\sigma + \tau - 1 \leqslant j + l - 1$ sein. Folglich sind die $j + l$ Spaltenvektoren linear abhängig, und die $j + l$ Variablen können nicht alle Basisvariable sein.

Mit Hilfe des Satzes 2.1 zeigen wir, daß es zu jeder zulässigen Basislösung von (1.1) II in der Transporttabelle wenigstens eine Zeile oder Spalte mit genau einer Basisvariablen gibt. Wären eine oder mehrere Reihen nicht mit Basisvariablen besetzt, müßten $m + n - 1$ Basisvariable entweder in höchstens $m - 1$ Zeilen und n Spalten oder in maximal m Zeilen und $n - 1$ Spalten stehen, was einen Widerspruch zum Satz 2.1 darstellt. Nehmen wir an, daß in der Transporttabelle keine Reihe mit genau einer Basisvariablen existiert, müßte, indem wir abkürzend $m + n - 1 = s$ nennen,

$$s \geqslant 2\,m$$

$$s \geqslant 2\,n$$

also $s \geqslant m + n$ gelten, was falsch ist.

Es gibt demnach in der Tabelle eine Reihe mit genau einer Basisvariablen. Besitzt die i-te Zeile die eine Eintragung x_{ik}, streichen wir diese Reihe und ändern den Randwert b_k in $b_k - a_i$ ab, da dann $b_k \geqslant a_i$ ist. Sollte aber die eine Eintragung in der k-ten Spalte vorkommen, lassen wir diese Reihe aus und ersetzen a_i durch $a_i - b_k$, weil sicherlich $a_i \geqslant b_k$ ist. Wir beweisen, daß es auch in der reduzierten Tabelle eine Zeile oder Spalte mit genau einer Basisvariablen gibt. Zunächst können die restlichen $m + n - 2 = s_1$ Basisvariablen wegen des Satzes 2.1 nicht in weniger als $m + n - 1$ Reihen angeordnet sein. Ferner leiten wir aus der Annahme, daß die möglicherweise verbleibenden $m - 1$ Zeilen und n Spalten wenigstens zweifach besetzt sind, leicht einen Widerspruch her. Es müßte nämlich

$$s_1 \geqslant 2\,(m - 1)$$

$$s_1 \geqslant 2\,n$$

also $s_1 \geqslant m + n - 1$ sein, was falsch ist.

Analog verläuft der Beweis, falls vorher eine Spalte ausgelassen wurde. Durch Streichen der Reihe mit der einen Basisvariablen und Ändern des betreffenden Randwertes gewinnen wir eine weitere reduzierte Tabelle. Wir zeigen, daß diese und alle folgenden reduzierten Tabellen stets eine Reihe mit genau einer Basisvariablen besitzen. Zu diesem Zweck betrachten wir aus Induktionsgründen die reduzierte Tabelle, die aus der ursprünglichen durch Auslassen von j Zeilen und l Spalten nach dem beschriebenen Verfahren hervorgegangen ist. Diese Tabelle enthält noch $s_{j+l} = m + n - 1 - j - l$ Basisvariable, die in insgesamt $m + n - j - l$ Reihen eingetragen sind. Auf Grund der Gültigkeit des Satzes 2.1 muß jede Zeile und Spalte der reduzierten Tabelle wenigstens eine Basisvariable aufweisen. Nehmen wir an, daß in jeder Reihe mindestens zwei Basisvariablen stehen, so müßte

$$s_{j+l} \geqslant 2\,(m - j),$$
$$s_{j+l} \geqslant 2\,(n - l),$$

also $s_{j+l} \geqslant m + n - j - l$ gelten, was falsch ist.

Hierdurch ist der Beweis erbracht, daß jede reduzierte Tabelle wenigstens eine Reihe mit genau einer Eintragung hat. Es gilt somit der

Satz 2.2: Zu jeder zulässigen Basislösung existiert in der Transporttabelle wenigstens eine Reihe mit genau einer Basisvariablen. Jede daraus abgeleitete reduzierte Tabelle enthält wiederum eine Zeile oder Spalte mit genau einer Basisvariablen.

Zusammen mit dem Satz 2.2 kommt dem Satz 2.3 eine fundamentale Bedeutung zu.

Satz 2.3. Gilt für eine Transporttabelle mit $m + n - 1$ nichtnegativen eingetragenen Variablen und $m \cdot n - (m + n - 1)$ nicht aufgeschriebenen verschwindenden Variablen, daß die ursprüngliche und jede reduzierte Tabelle mindestens eine Reihe mit genau einer eingetragenen Variablen besitzt, so bildet die Menge der $m \cdot n$ Variablen eine zulässige Basislösung.

Wir haben lediglich nachzuweisen, daß die den eingetragenen Variablen in A (1.2) entsprechenden Spaltenvektoren linear unabhängig sind. Diese Vektoren sind nach dem im Kapitel 2 Gesagten genau dann linear unabhängig, wenn das System (1.1) II bei Vorgabe irgendwelcher $m + n - 1$ Werte a_i und b_k und bei Vorgabe der als Null vorausgesetzten, in der Transporttabelle nicht aufgeführten Variablen eindeutig lösbar ist.

Zunächst gibt es in der Transporttabelle eine Reihe mit genau einer eingetragenen Variablen. Ihr Wert muß dann gleich dem betreffenden Randwert sein. Streichen wir nun die Zeile oder Spalte mit der eindeutig bestimmten Variablen, verbleibt eine reduzierte Tabelle, die wieder eine Reihe mit einer Eintragung enthält. Damit kann auch diese Variable nur einen Wert annehmen. Indem wir das Verfahren fortsetzen, gelangen wir stets zu einer reduzierten Tabelle, die eine Reihe mit genau einer Eintragung hat. Diese muß deshalb gleich dem entsprechenden nichtnegativen Randwert sein. In einer beliebigen reduzierten Tabelle ist die Summe der restlichen Zeilenrandwerte gleich der Summe der verbliebenen Spaltenrandwerte, da diese Ausdrücke aus der Gleichung $\sum_{i=1}^{m} a_i = \sum_{k=1}^{n} b_k$ dadurch hervorgegangen sind, daß einige Summanden auf die andere Seite der Gleichung gebracht worden sind. Somit müssen in der nur eine Zeile und eine Spalte aufweisenden letzten Tabelle beide Randwerte gleich sein, und die letzte Variable ist ebenfalls eindeutig bestimmt.

7.3. Aufsuchen einer ersten zulässigen Basislösung

Wir geben nun eine einfache Regel zum Aufsuchen einer ersten zulässigen Basislösung an:

Für die erste Eintragung wählen wir das in der i-ten Zeile und k-ten Spalte der Transporttabelle stehende Feld und setzen $x_{ik} = \min(a_i, b_k)$.

a) Ist $a_i < b_k$, werden alle übrigen Variablen der i-ten Zeile Nichtbasisvariable. Im folgenden beschränken wir uns auf die $1., \ldots, i-1., i+1., \ldots, m$. Zeile und die n Spalten und ersetzen den Randwert b_k durch $b_k - a_1$. Ein Beispiel verdeutlicht das Gesagte:

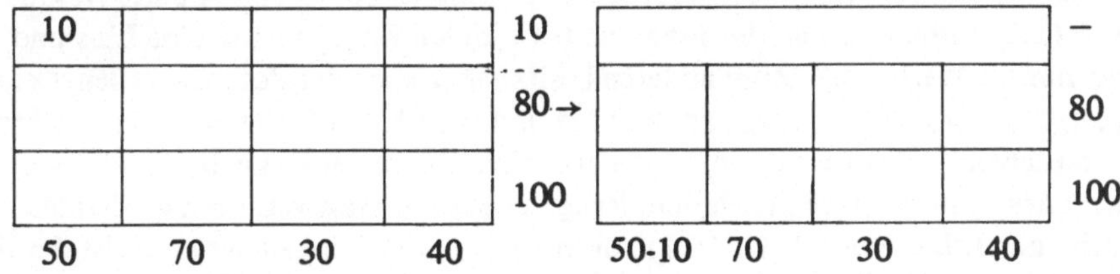

b) Falls $a_i > b_k$ ist, werden alle übrigen Variablen der k-ten Spalte Nichtbasisvariable. Wiederum beschränken wir uns dann auf die reduzierte Tabelle, die durch Auslassen der k-ten Spalte und Ersetzen des Randwertes a_i durch $a_i - b_k$ entsteht.

c) Ist $a_i = b_k$, werden entweder alle übrigen Variablen der i-ten Zeile oder aber alle übrigen Variablen der k-ten Spalte Nichtbasisvariable. Lassen wir die i-te Zeile aus, muß wenigstens eine weitere Variable der k-ten Spalte Basisvariable werden, da sonst die im Satz 2.1 genannte Eigenschaft nicht erfüllt ist. Diese Basisvariable hat den Wert Null.

In der gleichen Weise setzen wir das Verfahren mit der reduzierten Tabelle fort. Da wir bei jeder Eintragung eine Reihe streichen, bestimmen wir hierdurch $m + n - 1$ Variable, weil beim letzten Vorgang sowohl eine Zeile als auch eine Spalte gestrichen werden. Nach den Ausführungen am Ende des vorherigen Abschnitts muß das geschilderte Verfahren bis zum Schluß durchführbar sein.

Aus den Sätzen 2.2 und 2.3 folgt daher:

Satz 3.1: Alle zulässigen Basislösungen von (1.1) lassen sich mit Hilfe der Regel zum Aufsuchen einer ersten zulässigen Basislösung gewinnen.

7.4. Ersetzen der Basis durch eine bessere für den Fall der Nichtentartung

Nachdem wir jetzt in der Lage sind, eine erste zulässige Basislösung zu finden, müssen wir nun die Zielfunktion durch die Nichtbasisvariablen der ersten Basislösung ausdrücken. Zu diesem Zweck führen wir die Potentiale u_i und v_k ein. Dabei gehören u_i zur i-ten Zeile und v_k zur k-ten Spalte der Transporttabelle. Wir bestimmten u_i und v_k derart, daß

$$c_{ik} = u_i + v_k \tag{4.1}$$

für alle m + n - 1 Basisvariablen x_{ik} erfüllt ist. Damit liefert (4.1) m + n - 1 Gleichungen für die m Potentiale $u_1, u_2, \ldots, u_m$ und die n Potentiale $v_1, v_2, \ldots, v_n$. Im folgenden zeigen wir, daß die Koeffizientenmatrix des Gleichungssystems (4.1) die Transponierte der Matrix ist, die aus den Basisvektoren von A (1.2) besteht. Ist nämlich x_{ik} Basisvariable, tritt x_{ik} erstens in der i-ten Gleichung und zweitens in der (m + k)-ten Gleichung von (1.1) II auf. Der x_{ik} entsprechende Spaltenvektor von A (1.2) enthält also an der i-ten und (m + k)-ten Komponente eine Eins und sonst nur die Werte Null. Zum anderen besitzt aber auch der Potentialzeilenvektor $(u_1, u_2, \ldots, u_m, v_1, \ldots, v_n)$ an der i-ten und (m + k)ten Stelle eine Eins, während die restlichen Komponenten verschwinden. Folglich ist der Rang der Koeffizientenmatrix des Systems (4.1) gleich dem Rang der aus den Basisvektoren gebildeten Matrix, nämlich m + n - 1. Da (4.1) nur m + n - 1 Gleichungen aufweist, ist der Rang der erweiterten Matrix des Systems (4.1) ebenfalls m + n - 1, und es gibt nach dem Satz 1.1 des Abschnitts 2.1 wenigstens eine Lösung. Ist aber $(\bar{u}_1, \ldots, \bar{u}_i, \ldots, \bar{u}_m, \bar{v}_1, \ldots, \bar{v}_k, \ldots, \bar{v}_n)$ eine Lösung von (4.1), so gilt das gleiche für $(\bar{u}_1 + c, \ldots, \bar{u}_i + c, \ldots, \bar{u}_m + c, \bar{v}_1 - c, \ldots, \bar{v}_k - c, \ldots, \bar{v}_n - c)$, wobei c eine beliebige Konstante darstellt. Demnach können wir ein Potential Null setzen (z. B. $v_k = \bar{v}_k - c = 0$, also $\bar{v}_k = c$) und die restlichen m + n − 1 Potentiale eindeutig bestimmen. In den Beispielen wollen wir stets $v_1 = 0$ wählen.

Nachdem wir die m + n Größen u_i und v_k wertmäßig kennen, berechnen wir die sogenannten fiktiven Bewertungszahlen

$$\bar{c}_{ik} = u_i + v_k - c_{ik} \tag{4.2}$$

für i = 1 , . . . , m und k = 1 , . . . , n. Hierdurch verschwinden alle den Basisvariablen x_{ik} zugeordneten fiktiven Bewertungszahlen.

Multiplizieren wir jetzt die i-te Gleichung von (1.1) II mit u_i und die (m + k)-te Gleichung von (1.1) II mit v_k ($i = 1, \ldots, m; k = 1, \ldots, n$) und addieren zur Zielfunktion

$$Z^* = -c_{11}x_{11} - c_{12}x_{12} - \ldots - c_{ik}x_{ik} - \ldots - c_{mn}x_{mn} \to \max$$

oder $$Z^* = -\sum_{i=1}^{m}\sum_{k=1}^{n} c_{ik}x_{ik} \to \max,$$

erhalten wir

$$Z^* + \sum_{i=1}^{m} a_i u_i + \sum_{k=1}^{n} b_k v_k = \sum_{i=1}^{m}\sum_{k=1}^{n} (u_i + v_k - c_{ik})\, x_{ik}$$

oder abgekürzt

$$Z^* + c_o = \sum_{i=1}^{m}\sum_{k=1}^{n} \bar{c}_{ik}\, x_{ik} \quad . \tag{4.3}$$

Da aber die fiktiven Bewertungszahlen $\bar{c}_{ik}$ für alle Basisvariablen wegen (4.1) und (4.2) Null sind, liefert (4.3) die nur durch die Nichtbasisvariablen ausgedrückte Zielfunktion. Nach dem im Satz 2.1 des Abschnitts 4.2 genannten Simplexkriterium ist die optimale Lösung gefunden, wenn für alle $i = 1, \ldots, m$ und $k = 1, \ldots, n$

$$\bar{c}_{ik} = u_i + v_k - c_{ik} \leqslant 0 \text{ gilt.}$$

Damit gewinnen wir den

Satz 4.1: Hinreichend für das Vorliegen einer optimalen Lösung des Transportproblems ist

$$u_i + v_k - c_{ik} \leqslant 0 \text{ für } i = 1, \ldots, m \text{ und } k = 1, \ldots, n.$$

Ist für eine Nichtbasisvariable x_{pq} die fiktive Bewertungszahl $\bar{c}_{pq} > 0$, gelangen wir nach dem in der Simplextheorie Gezeigten zu einer verbesserten zulässigen Basislösung, indem wir x_{pq} neue Basisvariable werden lassen und dafür eine Basisvariable aus der Menge der alten Basisvariablen entfernen. Zu diesem Zweck schreiben wir in das zu x_{pq} gehörende Feld der Transporttabelle das Symbol ϑ. Da alle übrigen Nichtbasisvariablen den Wert Null beibehalten, ist der Wert der alten Basisvariablen eindeutig bestimmbar. Die teilweise durch ϑ geänderten Werte der alten Basisvariablen finden wir sehr leicht, weil es in der Transporttabelle und allen sich daraus ergebenden reduzierten Tabellen wenigstens eine Reihe mit genau einer Basisvariablen gibt. So wird zu einigen alten Basisvariablen ϑ addiert, von anderen wird es subtrahiert. Um den größten Wert von $x_{pq} = \vartheta$ zu erhalten, für den also alle Variablen nichtnegativ sind, suchen wir die mit $-\vartheta$ versehene kleinste Basisvariable x_{rs} heraus und setzen $\vartheta = x_{rs}$. Hierdurch wird x_{rs} neue Nichtbasisvariable und x_{pq} neue Basisvariable.

Analog dem im Abschnitt 4.3 c Bewiesenen ist die neue Lösung eine verbesserte zulässige Basislösung, falls alle alten Basisvariablen positiv waren und die Variable x_{rs} eindeutig bestimmt ist. Sollten nicht alle m + n - 1 Basisvaraiblen positiv gewesen sein oder aber mehrere Varaible x_{rs} in Frage kommen, liegt wieder ein Entartung vor, deren Lösung im Abschnitt 7.6 behandelt wird. Für den Fall, daß keine zulässige Basislösung entartet, wird die optimale Lösung nach endlich vielen Schritten erreicht. (Vgl. Abschnitt 4.3 c)

Eine geometrische Deutung des beschriebenen Verfahrens gelang T. Koopmans. Der interessierte Leser sei auf die Spezialliteratur über Netzwerke verwiesen.

7.5. Zahlenbeispiel

Ein Beispiel soll den Algorithmus zur Lösung eines Transportproblems erläutern.

In den Aufkommensorten A_1, A_2, A_3 seien die Mengen $a_1 = 10$, $a_2 = 80$ und $a_3 = 100$ Einheiten vorhanden, während in den Bedarfsorten B_1, B_2, B_3 und B_4 die Mengeneinheiten $b_1 = 50$, $b_2 = 70$, $b_3 = 30$ und $b_4 = 40$ benötigt werden. Die Kosten je Mengeneinheit für den Transport von A_i nach B_k seien durch die in der folgenden Tabelle aufgeführten Bewertungszahlen c_{ik} gegeben.

	B_1	B_2	B_3	B_4
A_1	3	2	5	4
A_2	5	1	2	6
A_3	3	4	1	3

Bewertungszahlen c_{ik}

Zur Bestimmung der ersten zulässigen Basislösung sind hauptsächlich zwei Methoden üblich. Sowohl die Nordwest-Ecken-Regel als auch die Regel der kleinsten Kosten verwenden das im Abschnitt 7.3 beschriebene Verfahren zum Aufsuchen einer ersten zulässigen Basislösung.

a) Bei der Nordwest-Ecken-Regel wählen wir $x_{11} = \min(a_1, b_1) = 10$. Sodann streichen wir in Gedanken die erste Zeile und ersetzen b_1 durch $b_1 - a_1 = 40$. Die restlichen 40 Mengeneinheiten des Bedarfs von B_1 können als x_{21} angenommen werden, da $a_2 > 40$ ist. Hiermit wird auch die erste Spalte im folgenden nicht mehr berücksichtigt. Die verbleibenden 40 Mengeneinheiten des Aufkommens von A_2 werden als x_{22} gewählt, da $b_2 > 40$ ist. Anschließend müssen wir $x_{32} = 30$, $x_{33} = 30$ und $x_{34} = 40$ setzen. Bei der Nordwest-Ecken-Regel bewegen wir uns also von der linken oberen Ecke (Nordwest-Ecke) möglichst entlang der Diagonalen zur rechten unteren Ecke.

3 / 10	2	5	4	10
5 / 40	1 / 40	2	6	80
3	4 / 30	1 / 30	3 / 40	100
50	70	30	40	

Indem wir $v_1 = 0$ setzen, berechnen wir die Potentiale u_i und v_k aus $u_1 + 0 = 3$; $u_2 + 0 = 5$; $u_2 + v_2 = 1$; $u_3 + v_2 = 4$; $u_3 + v_3 = 1$; $u_3 + v_4 = 3$ und erhalten

$u_1 = 3; u_2 = 5; v_2 = -4; u_3 = 8; v_3 = -7; v_4 = -5.$

u_i \ v_k	0	-4	-7	-5	
3	3 / 10	2	5	4	10
5	5 / 40	1 / 40	2	6	80
8	3	4 / 30	1 / 30	3 / 40	100
	50	70	30	40	

Die den Nichtbasisvariablen entsprechenden fiktiven Bewertungszahlen $\bar{c}_{ik} = u_i + v_k - c_{ik}$ tragen wir in das zugehörige Feld rechts oben ein.

$\bar{c}_{12} = 3 - 4 - 2; \bar{c}_{13} = 3 - 7 - 5; \bar{c}_{14} = 3 - 5 - 4; \bar{c}_{23} = 5 - 7 - 2;\ \bar{c}_{24} = 5 - 5 - 6;$
$\bar{c}_{31} = 8 + 0 - 3.$

u_i \ v_k	0	-4	-7	-5
3	3 / 10	2 / -3	5 / -9	4 / -6
5	5 / 40	1 / 40	2 / -4	6 / -6
8	3 / 5	4 / 30	1 / 30	3 / 40

Die größte positive fiktive Bewertungszahl steht in dem der Nichtbasisvariablen x_{31} zugeordneten Feld. In der neuen Basislösung ist demnach x_{31} Basisvariable. Den maximalen zulässigen Wert von x_{31} nennen wir ϑ_1. Dieses Symbol schreiben wir in das x_{31} entsprechende Feld und bestimmen dadurch die alten Basisvariablen.

u_i \ v_k	0	− 4	− 7	− 5	
3	[3] 10	[2] − 3	[5] − 9	[4] − 6	10
5	[5] $40-\vartheta_1$	[1] $40+\vartheta_1$	[2] − 4	[6] − 6	80
8	[3] 5 ϑ_1	[4] $30-\vartheta_1$	[1] 30	[3] 40	100
	50	70	30	40	

Der größte mögliche Wert für ϑ_1 ist 30. Durch Einsetzen von $\vartheta_1 = 30$ gewinnen wir die neue zulässige Basislösung.

[3] 10	[2]	[5]	[4]	10
[5] 10	[1] 70	[2]	[6]	80
[3] 30	[4]	[1] 30	[3] 40	100
50	70	30	40	

Indem wir $v_1 = 0$ wählen, berechnen wir die neuen Potentiale aus $u_1 + 0 = 3$; $u_2 + 0 = 5$, $u_3 + 0 = 3$; $u_2 + v_2 = 1$, $u_3 + v_3 = 1$; $u_3 + v_4 = 3$ und erhalten $u_1 = 3$; $u_2 = 5$; $u_3 = 3$, $v_2 = -4$; $v_3 = -2$; $v_4 = 0$. Wie vorher bestimmen wir für alle Nichtbasisvariablen die fiktiven Bewertungszahlen.

u_i \ v_k	0	− 4	− 2	0	
3	[3] 10	[2] − 3	[5] − 4	[4] − 1	10
5	[5] $10-\vartheta_2$	[1] 70	[2] 1 ϑ_1	[6] − 1	80
3	[3] $30+\vartheta_2$	[4] − 5	[1] $30-\vartheta_2$	[3] 40	100
	50	70	30	40	

Da $\bar{c}_{23} > 0$ ist, wird $x_{23} = \vartheta_2$ neue Basisvariable. Weil alle Variablen nichtnegativ sein müssen, ist der maximale Wert für ϑ_2 gleich 10.

u_i \ v_k	0	-3	-2	0	
3	[3] 10	[2] -2	[5] -4	[4] -1	10
4	[5] -1	[1] 70	[2] 10	[6] -2	80
3	[3] 40	[4] -4	[1] 20	[3] 40	100
	50	70	30	40	

Die letzte Transporttabelle liefert die kostenminimale Basislösung, da keine fiktive Bewertungszahl positiv ist. Wir lesen $x_{11} = 10$, $x_{22} = 70$, $x_{23} = 10$, $x_{31} = 40$, $x_{33} = 20$ und $x_{34} = 40$ ab. Alle übrigen Variablen besitzen den Wert Null. Addieren wir alle aus den Werten der Basisvariablen und den dazugehörenden Bewertungszahlen gebildeten Produkte, so erhalten wir den optimalen Wert der Zielfunktion.

$$Z_{min} = 3 \cdot 10 + 1 \cdot 70 + 2 \cdot 10 + 3 \cdot 40 + 1 \cdot 20 + 3 \cdot 40$$

$$Z_{min} = 380$$

b) Da die Nordwest-Ecken-Regel die Größe der Bewertungszahlen c_{ik} gar nicht berücksichtigt, wird die in Teil a) gefundene Ausgangslösung meist ungünstig sein. Bei der Regel der kleinsten Kosten suchen wir zunächst den kleinsten der $m \cdot n$ Werte c_{ik}. Ist dies c_{pq}, so wählen wir $x_{pq} = \min(a_p, b_q)$. Anschließend wird die Zeile oder Spalte nicht mehr beachtet, mit deren Randwert x_{pq} übereinstimmt (Abschnitt 7.3: a), b), c)). Nun besetzen wir das Feld der reduzierten Tabelle mit der kleinsten Bewertungszahl maximal zulässig. Analog verfahren wir, bis alle $m + n - 1$ Basisvariablen gefunden sind.

Nach dieser Regel kann die erste Transporttabelle unseres Beispiels lauten:

u_i \ v_k	0	-5	-2	0	
3	[3] 10	[2] -4	[5] -4	[4] -1	10
6	[5] 1	[1] 70	[2] 2 ϑ	[6] 10-ϑ	80
3	[3] 40	[4] -6	[1] 30-ϑ	[3] 30+ϑ	100
	50	70	30	40	

$\vartheta = 10$ ergibt bereits die optimale Lösung.

u_i \ v_k	0	- 3	- 2	0	
3	[3] 10	[2] - 2	[5] - 4	[4] - 1	10
4	[5] -1	[1] 70	[2] 10	[6] - 2	80
3	[3] 40	[4] - 4	[1] 20	[3] 40	100
	50	70	30	40	

7.6. Entartung

Sollte das Transportproblem auf einer Stufe des Iterationsverfahrens entarten (entweder verschwindet wenigstens eine Basisvariable oder min $(x_{rs} - \vartheta)$ ist nicht eindeutig), betrachten wir neben der ursprünglichen Aufgabe ein benachbartes ϵ-Problem, indem wir

x_{11}	x_{12}	. . .	x_{1n}	a_1
x_{21}	x_{22}	. . .	x_{2n}	a_2
.	.		.	.
.	.		.	.
.	.		.	.
$x_{m-1,1}$	$x_{m-1,2}$	. . .	$x_{m-1,n}$	a_{m-1}
x_{m1}	x_{m2}	. . .	x_{mn}	a_m
b_1	b_2		b_n	

durch

x_{11}	x_{12}	. . .	x_{1n}	a_1
x_{21}	x_{22}	. . .	x_{2n}	a_2
.	.		.	.
.	.		.	.
.	.		.	.
$x_{m-1,1}$	$x_{m-1,2}$	. . .	$x_{m-1,n}$	a_{m-1}
x_{m1}	x_{m2}	. . .	x_{mn}	$a_m + n\epsilon$
$b_1+\epsilon$	$b_2+\epsilon$		$b_n+\epsilon$	

ersetzen, also

$a_i(\epsilon) = a_i$ für $i = 1, \ldots, m-1$,

$a_m(\epsilon) = a_m + n\epsilon$,

$b_k(\epsilon) = b_k + \epsilon$ für $k = 1, \ldots, n$

wählen.

Wir zeigen nun, daß wegen $a_i > 0$ für $i = 1, \ldots, m$ keine zulässige Basislösung entarten kann, sobald $\epsilon > 0$ nur in einem hinreichend kleinen Intervall liegt. Da die Basisvariablen stets einen der am Rand der ursprünglichen oder einer reduzierten Tabelle stehenden Werte annehmen, genügt es zu beweisen, daß bei der benachbarten Aufgabe die Randwerte aller reduzierten Tabellen für genügend kleine $\epsilon > 0$ positiv bleiben.

Es sei eine beliebige zulässige Basislösung vorgegeben. Nach dem Satz 2.1 muß jede Reihe der Transporttabelle wenigstens eine Basisvariable enthalten. So besitze die m-te Zeile $t \geqslant 1$ Eintragungen. Dann ist es unmöglich, daß die zu diesen t Basisvariablen gehörenden Spalten der Tabelle lediglich diese ein Eintragung aufweisen. Ansonsten müßten sich nämlich in den restlichen m-1 Zeilen und n-t Spalten $m + n - 1 - t$ Basisvariable befinden, was wiederum nach dem Satz 2.1 nicht zulässig ist. Hieraus folgt aber bereits, daß es in der Transporttabelle wenigstens eine Reihe mit genau einer Eintragung gibt und diese Basisvariable nicht in der letzten Zeile steht. Andernfalls müßten alle betrachteten Reihen wenigstens zwei Eintragungen haben und es wäre, wenn wir $m + n - 1 = s$ nennen

$$s \geqslant 2(m-1) + t,$$
$$s \geqslant t - 1 + 2(n - t + 1),$$
also $s \geqslant m + n - \frac{1}{2}$,

was falsch ist. Damit steht die einzelne Eintragung nicht in der m-ten Zeile. Tritt die allein aufgeführte Basisvariable x_{ik} in einer Zeile und Spalte auf, für die $a_i > b_k$ ist, wird wegen $a_i > 0$ $a_i - b_k - \epsilon > 0$ für ein Intervall $0 < \epsilon < \epsilon_1$ (Satz 3.3 des Abschnitts 4.3), und die k-te Spalte wird ausgelassen. Ist aber $a_i \leqslant b_k$, wird $b_k - a_i + \epsilon > 0$ für alle $\epsilon > 0$, und die i-te Zeile wird gestrichen. Demnach sind alle neuen Randwerte in einem Intervall $0 < \epsilon < \epsilon_1$ positiv, und die reduzierte Tabelle enthält noch alle Eintragungen der ursprünglichen m-ten Zeile. Hierbei ist nach der ersten Streichung einer Reihe der m-te Zeilenrandwert $a_m + n\epsilon$ unverändert geblieben.

Aus Induktionsgründen nehmen wir an, daß wir durch Streichen von j Zeilen und r Spalten nach dem geschilderten Verfahren zu einer reduzierten Tabelle mit positiven Randwerten für $0 < \epsilon < \epsilon_{j+r}$ gelangen, die erstens alle Eintragungen der ursprünglichen m-ten Zeile enthält und zweitens noch wenigstens eine Eintragung besitzt, die nicht in der letzten Zeile steht. Die Tatsache, daß die letzte Zeile der reduzierten Tabelle noch alle ursprünglichen Eintragungen aufweist, bedeutet, daß die neuen Randwerte unverändert geblieben oder nur aus den $m + n - 1$ Randwerten $a_1, \ldots, a_{m-1}, b_1 + \epsilon, \ldots, b_n + \epsilon$ gebildet worden sind. Hiermit sind aber die Koeffizienten von ϵ der von $a_m + n\epsilon$ verschiedenen Zeilenrandwerte der reduzierten Tabelle Null oder negativ. Der Koeffizient von ϵ kann nur dann negativ sein, falls wenigstens ein Spaltenrandwert von einem Zeilenrandwert subtrahiert worden ist.

Zum anderen bleiben die Koeffizienten von ϵ in allen Spaltenrandwerten positiv, da der ursprüngliche m-te Zeilenrandwert bei keinem Verfahrensschritt benutzt worden ist. Wie oben zeigen wir, daß die reduzierte Tabelle noch wenigstens eine Reihe mit genau einer Basisvariablen enthält, wobei diese Eintragung nicht in der letzten Zeile steht. Zunächst ist es wiederum unmöglich, daß die zu den t Basisvariablen der letzten Zeile gehörenden Spalten der reduzierten Tabelle lediglich diese eine Eintragung haben. Andernfalls müßten nämlich $m + n - 1 - j - r - t$ Basisvariable in $m - 1 - j$ Zeilen und $n - t - r$ Spalten stehen, was nach dem Satz 2.1 unzulässig ist. Sollte es aber nicht eine Reihe mit genau einer Eintragung geben, wobei die Basisvariable nicht in der letzten Zeile erscheint, müßte für $s_{j+r} = m + n - 1 - j - r$

$$s_{j+r} \geqslant 2(m - 1 - j) + t,$$
$$s_{j+r} \geqslant t - 1 + 2(n - t - r + 1),$$
also $$s_{j+r} \geqslant m + n - j - r - \tfrac{1}{2}$$

gelten, was einen Widerspruch ergibt. Unsere reduzierte Tabelle weist demnach eine Reihe mit genau einer nicht in der letzten Zeile stehenden Basisvariablen auf. Diese einzelne Variable sei x_{pq}. Nach Induktionsvoraussetzung sind die Randwerte für $0 < \epsilon \leq \epsilon_{j+r}$ positiv. Es müssen also $\bar{a}_p = c - d\epsilon$ mit positivem c und nichtnegativem d und $\bar{b}_q = e + f\epsilon$ mit nichtnegativem e und positivem f auftreten. Ist jetzt $c \leqslant e$, so ist $\bar{b}_q - \bar{a}_p = e - c + (f + d)\,\epsilon > 0$ für jedes $\epsilon > 0$ und die ursprünglich p-te Zeile wird gestrichen. Gilt aber $c > e$, ist $\bar{a}_p - \bar{b}_q = c - e - (d + f)\,\epsilon > 0$ für $0 < \epsilon < \epsilon_{j+r+1}$ (Satz 3.3 des Abschnitts 4.3) und die ursprünglich q-te Spalte wird ausgelassen.

Damit ist bewiesen, daß wir aus der vorgegebenen Transporttabelle stets reduzierte Tabellen mit positiven Randwerten für das kleinste der endlich vielen Intervalle $0 < \epsilon < \epsilon_i$ gewinnen, bis wir zu einer reduzierten Tabelle mit positiven Randwerten gelangen, die nur noch die in der ursprünglichen Tabelle besetzten Felder der dortigen m-ten Zeile besitzt. Gleichzeitig ist aber dann nach den zu Beginn dieses Abschnitts gemachten Ausführungen ersichtlich, daß alle Basisvariablen positiv sein müssen.

Auf diese Weise ist jeder zulässigen Basislösung ein Intervall $0 < \epsilon < \vartheta_i$ zugeordnet. Wählen wir das kleinste Intervall der endlich vielen zulässigen Basislösungen, so haben wir den Beweis erbracht, daß das benachbarte Problem auf keiner Stufe des Iterationsprozesses entarten kann, da andernfalls wenigstens einmal eine Basisvariable verschwinden müßte.

7.7. Zahlenbeispiel für die Entartung

Wir wollen die im Abschnitt 7.6 behandelte Entartung an einem Beispiel kennenlernen. Die Aufkommensmengen in den Orten A_1, A_2 und A_3 seien $a_1 = 20$, $a_2 = 50$ und $a_3 = 30$ Einheiten. Die Bedarfsmengen in den Orten B_1, B_2, B_3 und B_4 seien $b_1 = 10$,

$b_2 = 40, b_3 = 10$ und $b_4 = 40$ Einheiten. Die Bewertungszahlen werden durch die folgende Matrix gegeben.

$$(c_{ik}) = \begin{pmatrix} 1 & 2 & 1 & 3 \\ 2 & 3 & 1 & 1 \\ 1 & 1 & 2 & 3 \end{pmatrix}$$

Die einzelnen Lösungsschritte brauchen nicht mehr erläutert zu werden.

u_i \ v_k	0	2	0	0	
1	[1] $10+\epsilon$	[2] 1; ϑ	[1] $10-\epsilon-\vartheta$	[3] -2	20
1	[2] -1	[3] $10-3\epsilon-\vartheta$	[1] $2\epsilon+\vartheta$	[1] $40+\epsilon$	50
-1	[1] -2	[1] $30+4\epsilon$	[2] -3	[3] -4	$30+4\epsilon$
	$10+\epsilon$	$40+\epsilon$	$10+\epsilon$	$40+\epsilon$	

Ohne das Betrachten des benachbarten Problems wäre der Wert der Basisvariablen x_{23} Null. Gleichzeitig könnten wir nicht eindeutig entscheiden, welche der alten Basisvariablen x_{13} und x_{22} durch x_{23} zu ersetzen wäre. In unserer Tabelle ist der größtmögliche ϑ -Wert $10 - 3\epsilon$.

u_i \ v_k	0	1	0	0	
1	[1] $10+\epsilon$	[2] $10-3\epsilon$	[1] 2ϵ	[3] -2	20
1	[2] -1	[3] -1	[1] $10-\epsilon$	[1] $40+\epsilon$	50
0	[1] -1	[1] $30+4\epsilon$	[2] -2	[3] -3	$30+4\epsilon$
	$10+\epsilon$	$40+\epsilon$	$10+\epsilon$	$40+\epsilon$	

Da alle fiktiven Bewertungszahlen der Nichtbasisvariablen negativ sind, ist die optimale Lösung gefunden. Für $\epsilon = 0$ gewinnen wir die Lösung des ursprünglichen Problems:

$$(x_{ik}) = \begin{pmatrix} 10 & 10 & 0 & 0 \\ 0 & 0 & 10 & 40 \\ 0 & 30 & 0 & 0 \end{pmatrix}$$

7.8. Verschiedenheit von Gesamtaufkommen und Gesamtbedarf

Bisher haben wir nur solche Transportprobleme behandelt, bei denen das Gesamtaufkommen gleich dem Gesamtbedarf war.

a) Ist das Gesamtaufkommen größer als der Gesamtbedarf ($\sum\limits_{i=1}^{m} a_i > \sum\limits_{k=1}^{n} b_k$)

und gibt es in jedem Aufkommensort A_i Lagermöglichkeiten, so führen wir zur Lösung dieser Aufgabe einen fiktiven Bedarfsort S ein, dessen Bedarf

$b_{n+1} = \sum\limits_{i=1}^{m} a_i - \sum\limits_{k=1}^{n} b_k$ ist. Einem Transport von A_i nach S entspricht eine

Lagerung der zugehörigen Menge $x_{i,n+1}$ in A_i. Da hierbei keine Transportkosten auftreten, werden die Bewertungszahlen $c_{i,n+1}$ für $i = 1, \ldots, m$ Null. Es sei nun x^*_{ik} mit $i = 1, \ldots, m$ und $k = 1, \ldots, n + 1$ eine optimale Lösung der mit dem fiktiven Bedarfsort S versehenen Aufgabe. Wegen $c_{i,n+1} = 0$ folgt

$$\sum_{i=1}^{m} \sum_{k=1}^{n+1} c_{ik} x^*_{ik} = \sum_{i=1}^{m} \sum_{k=1}^{n} c_{ik} x^*_{ik} \quad .$$

Es bleibt nur zu zeigen, daß x^*_{ik} mit $i = 1, \ldots, m$ und $k = 1, \ldots, n$ eine optimale Lösung der ursprünglichen Aufgabe ist. Zu diesem Zweck betrachten wir eine beliebige Lösung $\hat{x}_{ik}$ mit $i = 1, \ldots, m$ und $k = 1, \ldots, n$ des der ursprünglichen Aufgabe entsprechenden Gleichungssystems (vgl. 1.1 II) mit $\hat{x}_{ik} \geqslant 0$. Es ist

$$Z(\hat{x}_{ik}) = \sum_{i=1}^{m} \sum_{k=1}^{n} c_{ik} \hat{x}_{ik} = \sum_{i=1}^{m} \sum_{k=1}^{n+1} c_{ik} \hat{x}_{ik} \quad ,$$

wobei $\hat{x}_{i,n+1} = a_i - \sum\limits_{j=1}^{n} x_{ij}$ für $i = 1, \ldots, m$ gilt. Aus der Tatsache, daß x^*_{ik} für

$i = 1, \ldots, m$ und $k = 1, \ldots, n + 1$ optimale Lösung ist, ergibt sich die Richtigkeit der Ungleichung

$$\sum_{i=1}^{m} \sum_{k=1}^{n+1} c_{ik} \hat{x}_{ik} \geqslant \sum_{i=1}^{m} \sum_{k=1}^{n+1} c_{ik} x^*_{ik} \quad .$$

Mithin folgt $\sum\limits_{i=1}^{m} \sum\limits_{k=1}^{n} c_{ik} \hat{x}_{ik} \geqslant \sum\limits_{i=1}^{m} \sum\limits_{k=1}^{n} c_{ik} x^*_{ik}$, was zu zeigen war.

Es ist damit bewiesen, daß die optimale Lösung der oben beschriebenen Hilfsaufgabe sogleich die optimale Lösung der ursprünglichen Aufgabe liefert. Ein einfaches Beispiel erläutert das Gesagte.

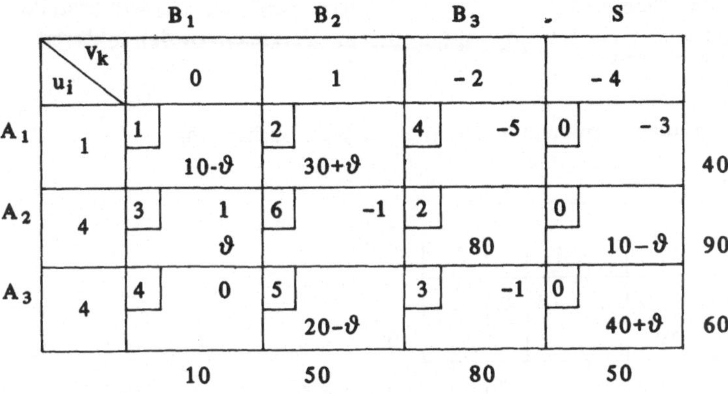

	u_i \ v_k	B_1: 0	B_2: 1	B_3: -2	S: -4	
A_1	1	[1] 10-ϑ	[2] 30+ϑ	[4] -5	[0] -3	40
A_2	4	[3] 1 ϑ	[6] -1	[2] 80	[0] 10-ϑ	90
A_3	4	[4] 0	[5] 20-ϑ	[3] -1	[0] 40+ϑ	60
		10	50	80	50	

Für $\vartheta = 10$ erhalten wir bereits die optimale Lösung.

u_i \ v_k	0	2	- 1	- 3	
0	[1] - 1	[2] 40	[4] - 5	[0] - 3	40
3	[3] 10	[6] - 1	[2] 80	[0] 0	90
3	[4] - 1	[5] 10	[3] - 1	[0] 50	60
	10	50	80	50	

Ein Austausch von x_{24} durch x_{21} (Entartung) hätte zwar die Menge der Basisvariablen, nicht aber die gesuchte Lösung geändert, die in der folgenden Skizze festgehalten ist.

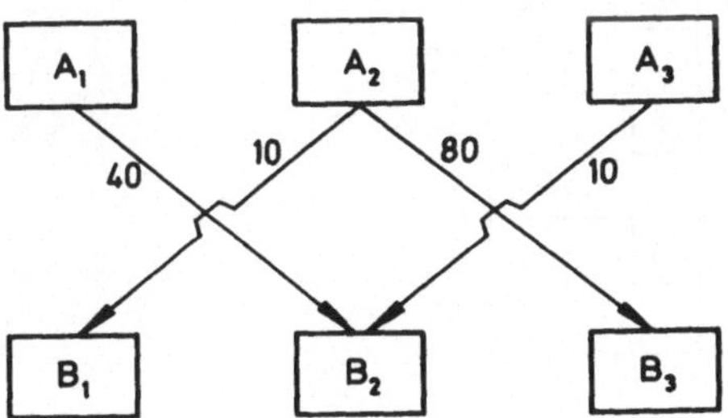

In A_3 werden demnach die 50 überschüssigen Mengeneinheiten gelagert.

Sollte es nicht möglich sein, am Aufkommensort A_3 ein Lager einzurichten, lassen wir die Besetzung des rechten unteren Feldes dadurch nicht zu, daß wir anstelle der Bewertungszahl Null eine Zahl M wählen, die im Vergleich zu den anderen sehr groß ist.

Wir beginnen jetzt natürlich mit einer neuen zulässigen Basislösung.

u_i \ v_k	0	1	- 1	- 3	
1	[1] 10	[2] 30	[4] - 4	[0] - 2	40
3	[3] 0	[6] - 2	[2] 40	[0] 50	90
4	[4] 0	[5] 20	[3] 40	[M] 1-M	60
	10	50	80	50	

Wir erkennen, daß diese Lösung bereits optimal ist. Da aber zwei Koeffizienten in der nur durch die Nichtbasisvariablen ausgedrückten Zielfunktion ($\bar{c}_{21} = 0$, $\bar{c}_{31} = 0$) verschwinden, gibt es zwei weitere zulässige Basislösungen und somit analog dem Beweis von Satz 7.1 des Abschnitts 4.7 beliebig viele optimale Lösungen. Zuerst soll x_{21} neue Basisvariable werden.

u_i \ v_k	0	1	- 1	- 3	
1	[1] $10-\vartheta_1$	[2] $30+\vartheta_1$	[4] -4	[0] -2	40
3	[3] 0 ϑ_1	[6] - 2	[2] $40-\vartheta_1$	[0] 50	90
4	[4] 0	[5] $20-\vartheta_1$	[3] $40+\vartheta_1$	[M] 1-M	60
	10	50	80	50	

Der größte mögliche Wert von ϑ_1 ist 10. Hiermit gewinnen wir die optimale Lösung:

u_i \ v_k	0	1	- 1	- 3
1	[1] 0	[2] 40	[4] -4	[0] - 2
3	[3] 10	[6] - 2	[2] 30	[0] 50
4	[4] 0	[5] 10	[3] 50	[M] 1-M

Die dritte optimale Basislösung finden wir, indem wir x_{31} neue Basisvariable werden lassen. Das liefert uns die folgende Transporttabelle:

u_i \ v_k	0	1	- 1	- 3
1	[1] 0	[2] 40	[4] - 4	[0] - 2
3	[3] 0	[6] - 2	[2] 40	[0] 50
4	[4] 10	[5] 10	[3] 40	[M] 1-M

Wir erhalten alle optimalen Lösungen aus den drei minimalen zulässigen Basislösungsvektoren $x_{B_1}, x_{B_2}, x_{B_3}$, wenn wir

$$x = \lambda_1 x_{B_1} + \lambda_2 x_{B_2} + \lambda_3 x_{B_3}$$

mit $0 \leqslant \lambda_i \leqslant 1$ und $\sum_{i=1}^{3} \lambda_i = 1$ bilden (Beweis zu Satz 7.1 des Abschnitts 4.7).

b) Ist das Gesamtaufkommen kleiner als der Gesamtbedarf ($\sum_{i=1}^{m} a_i < \sum_{k=1}^{n} b_k$),

führen wir zur Lösung einen fiktiven Ort S mit dem Aufkommen

$a_{m+1} = \sum_{k=1}^{n} b_k - \sum_{i=1}^{m} a_i$ ein. Der gedachte Transport von S nach B_k ($k = 1, \ldots, n$)

wird durch $x_{m+1,k}$ bestimmt. Da in der Praxis keine Menge von S nach B_k transportiert wird, verschwinden alle Bewertungszahlen $c_{m+1,k}$. Sollte in der optimalen Lösung ein $x_{m+1,k}$ positiv sein, so bedeutet das, daß der Bedarf in B_k nicht zu befriedigen ist. (Man vergleiche die zusätzlichen Bemerkungen zu Beginn des Teiles a).)

Ein Beispiel soll das Geschilderte erläutern:

	u_i \ v_k	B_1	B_2	B_3	
		0	− 2	0	
A_1	1	[3] − 2	[2] − 3	[1] 10	10
A_2	3	[2] 1; ϑ_1	[1] 30	[3] 10-ϑ_1	40
A_3	1	[1] 40-ϑ_1	[2] − 3	[1] 10+ϑ_1	50
S	0	[0] 0	[0] − 2	[0] 20	20
		40	30	50	

$\vartheta_1 = 10$ liefert eine optimale Lösung.

u_i \ v_k			
	0	− 1	0
1	[3] -2	[2] -2	[1] 10
2	[2] 10	[1] 30	[3] -1
1	[1] 30-ϑ_2	[2] -2	[1] 20+ϑ_2
0	[0] 0; ϑ_2	[0] -1	[0] 20-ϑ_2

Für $\vartheta_2 = 20$ gewinnen wir die zweite optimale zulässige Basislösung:

u_i \ v_k	0	−1	0
1	[3] −2	[2] −2	[1] 10
2	[2] 10	[1] 30	[3] −1
1	[1] 10	[2] −2	[1] 40
0	[0] 20	[0] −1	[0] 0

In der ersten optimalen Lösung wird der Bedarf von B_3, in der zweiten derjenige von B_1 um 20 Mengeneinheiten nicht gedeckt. Ist $(x_{ik}^{(1)})$ die erste und $(x_{ik}^{(2)})$ die zweite Lösungsmatrix, erhalten wir alle weiteren optimalen Lösungen, indem wir

$$(x_{ik}) = \lambda_1 (x_{ik}^{(1)}) + \lambda_2 (x_{ik}^{(2)})$$

mit $0 \leqslant \lambda_1 \leqslant 1$; $0 \leqslant \lambda_2 \leqslant 1$ und $\lambda_1 + \lambda_2 = 1$ bilden. Es ist nämlich

$$\sum_{i,k} c_{ik}\lambda_1 x_{ik}^{(1)} + \sum_{i,k} c_{ik}\lambda_2 x_{ik}^{(2)} = \lambda_1 \sum_{i,k} c_{ik}x_{ik}^{(1)} + \lambda_2 \sum_{i,k} c_{ik}x_{ik}^{(2)} =$$

$$= \lambda_1 Z_{min} + \lambda_2 Z_{min} = (\lambda_1 + \lambda_2) Z_{min} = Z_{min}.$$

7.9. Zuordnungsproblem

Zur Lösung des im folgenden zu beschreibenden Zuordnungsproblems benötigen wir den

Satz 9.1: Sind die Randwerte a_i und b_k $(i = 1, \ldots, m; k = 1, \ldots, n)$ einer Transporttabelle ganzzahlig, so gilt das gleiche für die Werte der Basisvariablen einer zulässigen Basislösung.

Beweis: Nach dem Satz 2.2 ist der Wert einer Basisvariablen stets gleich einem Randwert in der ursprünglichen oder in einer reduzierten Tabelle. Da aber die Randwerte einer beliebigen reduzierten Tabelle Differenzen aus Teilsummen von Randwerten der ursprünglichen Tabelle sind und hierdurch ganzzahlig bleiben, ist der Satz 9.1 bewiesen.

Unter einem Zuordnungsproblem wollen wir die Aufgabe verstehen, n Personen je eine von n Arbeiten optimal zuzuteilen. Dabei nehmen wir an, daß die k-te Arbeit $(k = 1, \ldots, n)$ der i-ten Person $(i = 1, \ldots, n)$ während einer Probezeit mit der

Zahl c^*_{ik} bewertet wurde. Die beste Einsatzmöglichkeit soll dem größten Wert c^*_{ik} entsprechen. Setzen wir $c_{ik} = - c^*_{ik}$ für $i, k = 1, \ldots, n$, so müssen wir die n Personen derart den Arbeiten zuordnen, daß $\sum_{i,k=1}^{n} c_{ik} x_{ik}$ minimal wird, wobei

$$x_{ik} = \begin{cases} 1 \text{ wird, wenn die i-te Person die k-te Arbeit ausführen soll,} \\ 0 \text{ wird, wenn die i-te Person nicht die k-te Arbeit ausführen soll.} \end{cases} \tag{9.1}$$

Da die Abbildung der Menge der n Personen auf die Menge der n Aufgaben umkehrbar eindeutig ist, gelten die Restriktionsgleichungen (einschränkende Bedingungen)

$$\sum_{i=1}^{n} x_{ik} = 1 \quad \text{für } k = 1, \ldots, n$$

$$\text{und} \quad \sum_{k=1}^{n} x_{ik} = 1 \quad \text{für } i = 1, \ldots, n, \tag{9.2}$$

die dem Gleichungssystem (1.1) entsprechen. Hierbei ist der Rang der zugehörigen Matrix 2n-1. Demnach enthält eine Basislösung von (9.2) 2n-1 Basisvariable. Obwohl die Bedingung (9.1) für x_{ik} nur die Werte 0 oder 1 zuläßt, ist das Zuordnungsproblem genau wie das Transportproblem mit verhältnismäßig geringem Rechenaufwand lösbar. Weil nämlich die Randwerte der Tabelle den Wert 1 besitzen, sind nach dem Satz 9.1 für die Basisvariablen nur die Werte 0 und 1 möglich. Demnach können wir (9.1) auch durch $x_{ik} \geqslant 0$ ersetzen und die Aufgabe nach dem beim Transportproblem beschriebenen Verfahren lösen. Von Nachteil ist allerdings, daß gleich zu Beginn eine Entartung vorliegt.

Wir betrachten ein einfaches Beispiel. Den vier Personen A, B, C und D soll je eine von vier Aufgaben derart zugewiesen werden, daß die Gesamtleistung optimal wird. Die Leistungsbewertungen sind der folgenden Tabelle zu entnehmen.

	I	II	III	IV
A	3	5	2	3
B	2	4	2	1
C	4	2	3	2
D	5	3	4	2

Der Lösungsweg braucht nicht näher erläutert zu werden.

u_i \ v_k	0	2	1	3	
-7	$\boxed{-3}$ -4	$\boxed{-5}$ 1	$\boxed{-2}$ -4	$\boxed{-3}$ -1	1
-4	$\boxed{-2}$ -2	$\boxed{-4}$ 2 ϑ_1	$\boxed{-2}$ -1	$\boxed{-1}$ $1-\vartheta_1$	1
-4	$\boxed{-4}$ 0	$\boxed{-2}$ 0	$\boxed{-3}$ 1	$\boxed{-2}$ 1	1
-5	$\boxed{-5}$ $1+\epsilon$	$\boxed{-3}$ $\epsilon-\vartheta_1$	$\boxed{-4}$ ϵ	$\boxed{-2}$ $\epsilon+\vartheta_1$	$1+4\epsilon$
	$1+\epsilon$	$1+\epsilon$	$1+\epsilon$	$1+\epsilon$	

$\vartheta_1 = \epsilon$ ergibt:

u_i \ v_k	0	0	1	3
-5	$\boxed{-3}$ -2	$\boxed{-5}$ $1-\vartheta_2$	$\boxed{-2}$ -2	$\boxed{-3}$ 1 ϑ_2
-4	$\boxed{-2}$ -2	$\boxed{-4}$ $\epsilon+\vartheta_2$	$\boxed{-2}$ -1	$\boxed{-1}$ $1-\epsilon-\vartheta_2$
-4	$\boxed{-4}$ 0	$\boxed{-2}$ -2	$\boxed{-3}$ 1	$\boxed{-2}$ 1
-5	$\boxed{-5}$ $1+\epsilon$	$\boxed{-3}$ -2	$\boxed{-4}$ ϵ	$\boxed{-2}$ 2ϵ

$\vartheta_2 = 1 - \epsilon$ ergibt:

u_i \ v_k	0	1	1	3
-6	$\boxed{-3}$ -3	$\boxed{-5}$ ϵ	$\boxed{-2}$ -3	$\boxed{-3}$ $1-\epsilon$
-5	$\boxed{-2}$ -3	$\boxed{-4}$ 1	$\boxed{-2}$ -2	$\boxed{-1}$ -1
-4	$\boxed{-4}$ 0	$\boxed{-2}$ -1	$\boxed{-3}$ $1-\vartheta_3$	$\boxed{-2}$ 1 ϑ_3
-5	$\boxed{-5}$ $1+\epsilon$	$\boxed{-3}$ -1	$\boxed{-4}$ $\epsilon+\vartheta_3$	$\boxed{-2}$ $2\epsilon-\vartheta_3$

Aus $\vartheta_3 = 2\epsilon$ folgt:

u_i \ v_k	0	0	1	2
-5	[-3] -2	[-5] ϵ	[-2] -2	[-3] $1-\epsilon$
-4	[-2] -2	[-4] 1	[-2] -1	[-1] -1
-4	[-4] 0 ϑ_4	[-2] -2	[-3] $1-2\epsilon-\vartheta_4$	[-2] 2ϵ
-5	[-5] $1+\epsilon-\vartheta_4$	[-3] -2	[-4] $3\epsilon+\vartheta_4$	[-2] -1

Neben dieser optimalen Arbeitszuteilung existiert eine zweite, die wir durch $\vartheta_4 = 1 - 2\epsilon$ gewinnen.

u_i \ v_k	0	0	1	2
-5	[-3] -2	[-5] ϵ	[-2] -2	[-3] $1-\epsilon$
-4	[-2] -2	[-4] 1	[-2] -1	[-1] -1
-4	[-4] $1-2\epsilon$	[-2] -2	[-3] 0	[-2] 2ϵ
-5	[-5] 3ϵ	[-3] -2	[-4] $1+\epsilon$	[-2] -1

Aus den letzten beiden Tabellen erhalten wir für $\epsilon = 0$ die im nachstehenden Schema festgehaltenen optimalen Zuordnungen:

Arbeit	I	II	III	IV
1. Zuordnung	D	B	C	A
2. Zuordnung	C	B	D	A

7.10. Übungsaufgaben

1. Man bestimme einen optimalen Plan für den Transport eines Gutes von vier Ursprungs- zu vier Bestimmungsorten, wobei Aufkommen, Bedarf und Bewertungszahlen der folgenden Tabelle zu entnehmen sind.

	B_1	B_2	B_3	B_4	a_i
A_1	3	4	1	2	15
A_2	2	3	1	3	55
A_3	4	2	3	1	10
A_4	2	4	2	4	20
b_k	10	20	30	40	

2. Wählt man aus der Matrix (1.2) eine Menge linear abhängiger Spaltenvektoren, so enthält die ihnen in der Transporttabelle entsprechende Felderkombination wenigstens eine geschlossene Kette. Dabei soll eine Folge von besetzten Feldern der Transporttabelle der Form i_1k_1 ; i_2k_1 ; i_2k_2 ; i_3k_2 ; ... ; i_lk_l; i_1k_l eine geschlossene Kette heißen.

3. Man beweise: Sind die Bewertungszahlen c_{ik} ganzzahlig und $v_1 = 0$, müssen auch die Potentiale u_i und v_k ganzzahlig sein.

4. In den Aufkommensorten A_1, A_2 und A_3 seien die Mengen $a_1 = 5$, $a_2 = 15$ und $a_3 = 30$ Einheiten vorhanden. Der Bedarf der Orte B_1, B_2 und B_3 sei $b_1 = 10$, $b_2 = 20$ und $b_3 = 30$ Einheiten. Die dem Transport einer Mengeneinheit von A_i nach B_k zugeordneten Bewertungszahlen sind in der folgenden Tabelle aufgeführt:

$$(c_{ik}) = \begin{pmatrix} 1 & 2 & 2 \\ 2 & 3 & 3 \\ 1 & 1 & 4 \end{pmatrix}$$

Man löse das Transportproblem unter der Bedingung, daß der Bedarf von B_3 voll zu decken ist.

5. Man teile sieben Aufgaben sieben Personen derart zu, daß jede Person genau eine Aufgabe erhält, und die Summe der Beurteilungen der Personen für die zugeordnete Aufgabe minimal ist. Die Beurteilung der i-ten Person bei der Erledigung der k-ten Aufgabe sei c_{ik}. Die Zahl 1 entspricht der besten Einsatzmöglichkeit.

$$(c_{ik}) = \begin{pmatrix} 1 & 7 & 2 & 4 & 3 & 6 & 5 \\ 4 & 5 & 1 & 6 & 2 & 7 & 3 \\ 2 & 3 & 6 & 1 & 5 & 4 & 7 \\ 5 & 6 & 1 & 4 & 7 & 2 & 3 \\ 7 & 2 & 5 & 1 & 6 & 3 & 4 \\ 1 & 4 & 7 & 2 & 6 & 3 & 5 \\ 3 & 7 & 2 & 1 & 5 & 6 & 4 \end{pmatrix}$$

Lösungen der Übungsaufgaben

1. 5.1 $\begin{pmatrix} 1 & 3 & 4 \\ 4 & 7 & 10 \\ 7 & 11 & 16 \end{pmatrix}$

5.2 $\begin{pmatrix} -3 & 1 \\ 2 & 7 \end{pmatrix} \begin{pmatrix} y_1 \\ y_2 \end{pmatrix} = \begin{pmatrix} 4 \\ -5 \end{pmatrix}$

5.3 $\begin{pmatrix} 2 & 5 & 3 & 1 \\ 1 & 1 & 2 & 0 \\ 1 & 22 & -5 & 7 \\ 3 & -3 & 8 & -2 \end{pmatrix} \xrightarrow[\substack{\text{3. Spalte} \\ +\text{4. Spalte}}]{\substack{\text{2. Spalte} \\ -3 \times \text{4. Spalte}}} \begin{pmatrix} 2 & 2 & 4 & 1 \\ 1 & 1 & 2 & 0 \\ 1 & 1 & 2 & 7 \\ 3 & 3 & 6 & -2 \end{pmatrix}$

$\xrightarrow[\substack{\text{3. Spalte} \\ -2 \times \text{1. Spalte}}]{\substack{\text{2. Spalte} \\ -\text{1. Spalte}}} \begin{pmatrix} 2 & 0 & 0 & 1 \\ 1 & 0 & 0 & 0 \\ 1 & 0 & 0 & 7 \\ 3 & 0 & 0 & -2 \end{pmatrix} \xrightarrow[\text{4. Zeile} - 3 \times \text{2. Zeile}]{\substack{\text{1. Zeile} - 2 \times \text{2. Zeile} \\ \text{3. Zeile} - \text{2. Zeile}}} \begin{pmatrix} 0 & 0 & 0 & 1 \\ 1 & 0 & 0 & 0 \\ 0 & 0 & 0 & 7 \\ 0 & 0 & 0 & -2 \end{pmatrix}$

$\xrightarrow[\text{4. Zeile} + 2 \times \text{1. Zeile}]{\text{3. Zeile} - 7 \times \text{1. Zeile}} \begin{pmatrix} 0 & 0 & 0 & 1 \\ 1 & 0 & 0 & 0 \\ 0 & 0 & 0 & 0 \\ 0 & 0 & 0 & 0 \end{pmatrix}$

Die Maximalzahl linear unabhängiger Vektoren ist zwei.

5.4

Es ist $b_{ik} = \sum_{v=1}^{n} a_{iv}\, a_{kv}$ und $b_{ki} = \sum_{v=1}^{n} a_{kv}\, a_{iv}$, also $b_{ik} = b_{ki}$.

2. 4.1 a)

$\begin{pmatrix} 2 & -1 & 5 & -3 & 45 \\ 1 & 2 & -2 & -5 & 0 \\ 0 & 1 & 3 & 7 & 21 \\ -1 & -2 & 1 & 2 & -5 \end{pmatrix} \xrightarrow[\text{4. Zeile} + \text{2. Zeile}]{\text{1. Zeile} - 2 \times \text{2. Zeile}} \begin{pmatrix} 0 & -5 & 9 & 7 & 45 \\ 1 & 2 & -2 & -5 & 0 \\ 0 & 1 & 3 & 7 & 21 \\ 0 & 0 & -1 & -3 & -5 \end{pmatrix}$

$$\xrightarrow[-1 \times 4.\ \text{Zeile}]{\substack{1.\ \text{Zeile} + 5 \times 3.\ \text{Zeile} \\ 2.\ \text{Zeile} - 2 \times 3.\ \text{Zeile}}} \begin{pmatrix} 0 & 0 & 24 & 42 & 150 \\ 1 & 0 & -8 & -19 & -42 \\ 0 & 1 & 3 & 7 & 21 \\ 0 & 0 & 1 & 3 & 5 \end{pmatrix} \xrightarrow{\frac{1}{6} \times 1.\ \text{Zeile}} \begin{pmatrix} 0 & 0 & 4 & 7 & 25 \\ 1 & 0 & -8 & -19 & -42 \\ 0 & 1 & 3 & 7 & 21 \\ 0 & 0 & 1 & 3 & 5 \end{pmatrix}$$

$$\xrightarrow[3.\ \text{Zeile} - 3 \times 4.\ \text{Zeile}]{\substack{1.\ \text{Zeile} - 4 \times 4.\ \text{Zeile} \\ 2.\ \text{Zeile} + 8 \times 4.\ \text{Zeile}}} \begin{pmatrix} 0 & 0 & 0 & 5 & -5 \\ 1 & 0 & 0 & 5 & -2 \\ 0 & 1 & 0 & -2 & 6 \\ 0 & 0 & 1 & 3 & 5 \end{pmatrix} \xrightarrow[\substack{3.\ \text{Zeile} + \frac{2}{5} \times 1.\ \text{Zeile} \\ 4.\ \text{Zeile} - \frac{3}{5} \times 1.\ \text{Zeile}}]{\substack{\frac{1}{5} \times 1.\ \text{Zeile} \\ 2.\ \text{Zeile} - 1.\ \text{Zeile}}} \begin{pmatrix} 0 & 0 & 0 & 1 & -1 \\ 1 & 0 & 0 & 0 & 3 \\ 0 & 1 & 0 & 0 & 4 \\ 0 & 0 & 1 & 0 & 8 \end{pmatrix}$$

$x_1 = 3$; $x_2 = 4$; $x_3 = 8$, $x_4 = -1$

4.1 b)

$$\begin{pmatrix} 3 & -6 & -3 & 0 & 2 \\ 0 & -4 & -4 & 4 & 1 \\ 6 & -2 & 4 & -2 & 4 \\ 1 & 0 & 1 & 0 & 2 \end{pmatrix} \xrightarrow[3.\ \text{Zeile} - 6 \times 4.\ \text{Zeile}]{1.\ \text{Zeile} - 3 \times 4.\ \text{Zeile}} \begin{pmatrix} 0 & -6 & -6 & 0 & -4 \\ 0 & -4 & -4 & 4 & 1 \\ 0 & -2 & -2 & -2 & -8 \\ 1 & 0 & 1 & 0 & 2 \end{pmatrix}$$

$$\xrightarrow[\substack{2.\ \text{Zeile} - 2 \times 3.\ \text{Zeile} \\ 3.\ \text{Zeile} : (-2)}]{1.\ \text{Zeile} - 3 \times 3.\ \text{Zeile}} \begin{pmatrix} 0 & 0 & 0 & 6 & 20 \\ 0 & 0 & 0 & 8 & 17 \\ 0 & 1 & 1 & 1 & 4 \\ 1 & 0 & 1 & 0 & 2 \end{pmatrix} \xrightarrow{2.\ \text{Zeile} - \frac{4}{3} \times 1.\ \text{Zeile}} \begin{pmatrix} 0 & 0 & 0 & 6 & 20 \\ 0 & 0 & 0 & 0 & \frac{29}{3} \\ 0 & 1 & 1 & 1 & 4 \\ 1 & 0 & 1 & 0 & 2 \end{pmatrix}$$

Die Aufgabe ist nicht lösbar, da Rg (A) = 3 und Rg ($\bar{A}$) = 4 sind.

4.1 c)

$$\begin{pmatrix} 2 & -3 & 1 & 10 \\ 1 & 1 & -3 & -8 \\ 6 & 7 & -1 & 2 \end{pmatrix} \xrightarrow[3.\ \text{Zeile} - 6 \times 2.\ \text{Zeile}]{1.\ \text{Zeile} - 2 \times 2.\ \text{Zeile}} \begin{pmatrix} 0 & -5 & 7 & 26 \\ 1 & 1 & -3 & -8 \\ 0 & 1 & 17 & 50 \end{pmatrix}$$

$$\xrightarrow[2.\ \text{Zeile} - 3.\ \text{Zeile}]{1.\ \text{Zeile} + 5 \times 3.\ \text{Zeile}} \begin{pmatrix} 0 & 0 & 92 & 276 \\ 1 & 0 & -20 & -58 \\ 0 & 1 & 17 & 50 \end{pmatrix} \xrightarrow{1.\ \text{Zeile} : 92} \begin{pmatrix} 0 & 0 & 1 & 3 \\ 1 & 0 & -20 & -58 \\ 0 & 1 & 17 & 50 \end{pmatrix}$$

$$\xrightarrow[3.\ \text{Zeile} - 17 \times 1.\ \text{Zeile}]{2.\ \text{Zeile} + 20 \times 1.\ \text{Zeile}} \begin{pmatrix} 0 & 0 & 1 & 3 \\ 1 & 0 & 0 & 2 \\ 0 & 1 & 0 & -1 \end{pmatrix}$$

Die Lösung lautet: $x_1 = 2, x_2 = -1, x_3 = 3$.

4.2 a)

$$\begin{pmatrix} 1 & 2 & 0 & 1 & 0 & 0 \\ -1 & -1 & 3 & 0 & 1 & 0 \\ 0 & 0 & 2 & 0 & 0 & 1 \end{pmatrix} \xrightarrow{\text{2. Zeile + 1. Zeile}} \begin{pmatrix} 1 & 2 & 0 & 1 & 0 & 0 \\ 0 & 1 & 3 & 1 & 1 & 0 \\ 0 & 0 & 2 & 0 & 0 & 1 \end{pmatrix}$$

$$\xrightarrow{\text{1. Zeile} - 2 \times \text{2. Zeile}} \begin{pmatrix} 1 & 0 & -6 & -1 & -2 & 0 \\ 0 & 1 & 3 & 1 & 1 & 0 \\ 0 & 0 & 1 & 0 & 0 & 0{,}5 \end{pmatrix} \xrightarrow[\text{2. Zeile} - 3 \times \text{3. Zeile}]{\text{1. Zeile} + 6 \times \text{3. Zeile}} \begin{pmatrix} 1 & 0 & 0 & -1 & -2 & 3 \\ 0 & 1 & 0 & 1 & 1 & -1{,}5 \\ 0 & 0 & 1 & 0 & 0 & 0{,}5 \end{pmatrix}$$

Die inverse Matrix lautet demnach

$$A_1^{-1} = \begin{pmatrix} -1 & -2 & 3 \\ 1 & 1 & -1{,}5 \\ 0 & 0 & 0{,}5 \end{pmatrix}$$

4.2 b)

$$\begin{pmatrix} 1 & 2 & 0 & 1 & 0 & 0 \\ -1 & 1 & 2 & 0 & 1 & 0 \\ 0 & 1 & -1 & 0 & 0 & 1 \end{pmatrix} \xrightarrow{\text{2. Zeile + 1. Zeile}} \begin{pmatrix} 1 & 2 & 0 & 1 & 0 & 0 \\ 0 & 3 & 2 & 1 & 1 & 0 \\ 0 & 1 & -1 & 0 & 0 & 1 \end{pmatrix}$$

$$\xrightarrow[\text{2. Zeile} - 3 \times \text{3. Zeile}]{\text{1. Zeile} - 2 \times \text{3. Zeile}} \begin{pmatrix} 1 & 0 & 2 & 1 & 0 & -2 \\ 0 & 0 & 5 & 1 & 1 & -3 \\ 0 & 1 & -1 & 0 & 0 & 1 \end{pmatrix} \xrightarrow{\text{2. Zeile : 5}} \begin{pmatrix} 1 & 0 & 2 & 1 & 0 & -2 \\ 0 & 0 & 1 & \frac{1}{5} & \frac{1}{5} & -\frac{3}{5} \\ 0 & 1 & -1 & 0 & 0 & 1 \end{pmatrix}$$

$$\xrightarrow[\text{3. Zeile + 2. Zeile}]{\text{1. Zeile} - 2 \times \text{2. Zeile}} \begin{pmatrix} 1 & 0 & 0 & \frac{3}{5} & -\frac{2}{5} & -\frac{4}{5} \\ 0 & 0 & 1 & \frac{1}{5} & \frac{1}{5} & -\frac{3}{5} \\ 0 & 1 & 0 & \frac{1}{5} & \frac{1}{5} & \frac{2}{5} \end{pmatrix}$$

Die inverse Matrix heißt

$$A_2^{-1} = \begin{pmatrix} \frac{3}{5} & -\frac{2}{5} & -\frac{4}{5} \\ \frac{1}{5} & \frac{1}{5} & \frac{2}{5} \\ \frac{1}{5} & \frac{1}{5} & -\frac{3}{5} \end{pmatrix}.$$

4.3 Die Inverse heißt BA.

4. 9.1

I $Z = 300x_1 + 200x_2 \to \max$

II $\frac{x_1}{600} + \frac{x_2}{1400} \leqslant 1$

$x_1 + x_2 \leqslant 1000$

$x_1 \leqslant 400$

$x_2 \leqslant 800$

III $x_1 \geqslant 0, x_2 \geqslant 0$

$$\text{I*} \quad Z^* = 3x_1 + 2x_2 \rightarrow \max$$

$$\begin{array}{llr} \text{II*} & 7x_1 + 3x_2 + x_3 & = 4200 \\ & x_1 + x_2 \quad + x_4 & = 1000 \\ & x_1 \quad\quad + x_5 & = 400 \\ & \quad x_2 \quad\quad + x_6 & = 800 \end{array}$$

$$\text{III*} \quad x_i \geqslant 0 \text{ für } i = 1, \ldots, 6.$$

BV		x_1	x_2	x_3	x_4	x_5	x_6	
BV	0	3	2	0	0	0	0	
x_3	4200	7	3	1	0	0	0	600
x_4	1000	1	1	0	1	0	0	1000
← x_5	400	$\boxed{1}$	0	0	0	1	0	400
x_6	800	0	1	0	0	0	1	–
	−1200	0	2	0	0	−3	0	
← x_3	1400	0	$\boxed{3}$	1	0	−7	0	$\frac{1400}{3}$
x_4	600	0	1	0	1	−1	0	600
→ x_1	400	1	0	0	0	1	0	–
x_6	800	0	1	0	0	0	1	800
	$-\frac{6400}{3}$	0	0	$-\frac{2}{3}$	0	$\frac{5}{3}$	0	
→ x_2	$\frac{1400}{3}$	0	1	$\frac{1}{3}$	0	$-\frac{7}{3}$	0	–
← x_4	$\frac{400}{3}$	0	0	$-\frac{1}{3}$	1	$\boxed{\frac{4}{3}}$	0	100
x_1	400	1	0	0	0	1	0	400
x_6	$\frac{1000}{3}$	0	0	$-\frac{1}{3}$	0	$\frac{7}{3}$	1	$\frac{1000}{7}$
	−2300	0	0	$-\frac{1}{4}$	$-\frac{5}{4}$	0	0	
x_2	700	0	1	$-\frac{1}{4}$	$\frac{7}{4}$	0	0	
→ x_5	$\frac{100}{3}$	0	0	$-\frac{1}{12}$	$\frac{1}{4}$	$\frac{1}{3}$	0	
x_1	300	1	0	$\frac{1}{4}$	$-\frac{3}{4}$	0	0	
x_6	100	0	0	$\frac{1}{4}$	$-\frac{7}{4}$	0	1	

Es müssen 300 Fernseh- und 700 Rundfunkgeräte hergestellt werden.

9.2

		x_1	x_2	x_3	x_4	x_5	x_6	
	0	1	1	0	0	0	0	
x_3	91	13	7	1	0	0	0	13
$\leftarrow x_4$	36	3	[4]	0	1	0	0	9
x_5	40	5	4	0	0	1	0	10
x_6	7	1	0	0	0	0	1	–
	–9	$\frac{1}{4}$	0	0	$-\frac{1}{4}$	0	0	
x_3	28	$\frac{31}{4}$	0	1	$-\frac{7}{4}$	0	0	$\frac{112}{31}$
$\rightarrow x_2$	9	$\frac{3}{4}$	1	0	$\frac{1}{4}$	0	0	12
$\leftarrow x_5$	4	[2]	0	0	–1	1	0	2
x_6	7	1	0	0	0	0	1	7
	$-\frac{19}{2}$	0	0	0	$-\frac{1}{8}$	$-\frac{1}{8}$	0	
x_3	$\frac{25}{2}$	0	0	1	$\frac{17}{8}$	$-\frac{31}{8}$	0	
x_2	$\frac{15}{2}$	0	1	0	$\frac{5}{8}$	$-\frac{3}{8}$	0	
$\rightarrow x_1$	2	1	0	0	$-\frac{1}{2}$	$\frac{1}{2}$	0	
x_6	5	0	0	0	$\frac{1}{2}$	$-\frac{1}{2}$	1	

Die optimale Lösung lautet $x_1 = 2, x_2 = 7{,}5$. Beim zweiten Lösungsweg ist bereits die zweite zulässige Basislösung entartet.

9.3

$$\text{I} \quad Z^* = -x_5 \rightarrow \max$$

$$\text{II} \quad \begin{aligned} 3x_1 + 5x_2 + x_3 &= 15 \\ -4x_1 + 3x_2 - x_4 + x_5 &= 12 \end{aligned}$$

		x_1	x_2	x_3	x_4	x_5	
	0	0	0	0	0	–1	
	12	–4	3	0	–1	0	
$\leftarrow x_3$	15	3	[5]	1	0	0	3
x_5	12	–4	3	0	–1	1	4
	3	$-\frac{29}{5}$	0	$-\frac{3}{5}$	–1	0	
$\rightarrow x_2$	3	$\frac{3}{5}$	1	$\frac{1}{5}$	0	0	
x_5	3	$-\frac{29}{5}$	0	$-\frac{3}{5}$	–1	1	

Da der maximale Wert von Z^* negativ ist, besitzt die primale Aufgabe nach dem Satz 5.2 des Abschnitts 4.5 keine zulässige Lösung.

9.4 II
$$\begin{array}{lcl} 8x_1 + 6x_2 \geqslant 48 & & 4x_1 + 3x_2 \geqslant 24 \\ 6x_1 + 9x_2 \geqslant 54 & \curvearrowright & 2x_1 + 3x_2 \geqslant 18 \\ x_1 \qquad \geqslant 2 & & x_1 \qquad \geqslant 2 \end{array}$$

I* $Z^* = -x_6 - x_7 - x_8 \rightarrow \max$

II*
$$\begin{array}{rcl} 4x_1 + 3x_2 - x_3 \qquad\qquad + x_6 \qquad\qquad & = & 24 \\ 2x_1 + 3x_2 \qquad - x_4 \qquad\qquad + x_7 \qquad & = & 18 \\ x_1 \qquad\qquad\qquad - x_5 \qquad\qquad + x_8 & = & 2 \end{array}$$

		x_1	x_2	x_3	x_4	x_5	x_6	x_7	x_8	
BV	0	0	0	0	0	0	–1	–1	–1	
	44	7	6	–1	–1	–1	0	0	0	
x_6	24	4	3	–1	0	0	1	0	0	6
x_7	18	2	3	0	–1	0	0	1	0	9
$\leftarrow x_8$	2	[1]	0	0	0	–1	0	0	1	2
	30	0	6	–1	–1	6	0	0	–7	
x_6	16	0	3	–1	0	4	1	0	–4	$\frac{16}{3}$
$\leftarrow x_7$	14	0	[3]	0	–1	2	0	1	–2	$\frac{14}{3}$
$\rightarrow x_1$	2	1	0	0	0	–1	0	0	1	–
	2	0	0	–1	1	2	0	–2	–3	
$\leftarrow x_6$	2	0	0	–1	1	[2]	1	–1	–2	1
$\rightarrow x_2$	14	0	3	0	–1	2	0	1	–2	7
x_1	2	1	0	0	0	–1	0	0	1	–
	0	0	0	0	0	0	–1	–1	–1	
$\rightarrow x_5$	2	0	0	–1	1	2	1	–1	–2	
x_2	12	0	3	1	–2	0	–1	2	0	
x_1	3	1	0	$-\frac{1}{2}$	$\frac{1}{2}$	0	$\frac{1}{2}$	$-\frac{1}{2}$	0	
		–1	–1	0	0	0				
	7	0	0	$-\frac{1}{6}$	$-\frac{1}{6}$	0				
x_5	2	0	0	–1	1	2				
x_2	12	0	3	1	–2	0				
x_1	3	1	0	$-\frac{1}{2}$	$\frac{1}{2}$	0				

Die optimale Lösung lautet $x_1 = 3, x_2 = 4$.
(Bemerkung. Mit Hilfe der dualen Aufgabe wird die obige Lösung wesentlich leichter gefunden.)

5. 4.1

5	4	2	min
1	2	1	8
1	1	0	6
1	0	1	3

$\xleftrightarrow{\text{dual}}$

8	6	3	max
1	1	1	5
2	1	0	4
1	0	1	2

I $\quad Z^* = 8y_1 + 6y_2 + 3y_3 \rightarrow \max$

II $\quad y_1 + y_2 + y_3 + x_1 = 5$

$\quad 2y_1 + y_2 + x_2 = 4$

$\quad y_1 + y_3 + x_3 = 2$

III $\quad y_i \geqslant 0,\ x_i \geqslant 0$ für $i = 1, 2, 3$.

BV		y_1	y_2	y_3	x_1	x_2	x_3	
	0	8	6	3	0	0	0	
x_1	5	1	1	1	1	0	0	5
x_2	4	2	1	0	0	1	0	2
$\leftarrow x_3$	2	[1]	0	1	0	0	1	2
	−16	0	6	−5	0	0	−8	
x_1	3	0	1	0	1	0	−1	3
$\leftarrow x_2$	0	0	[1]	−2	0	1	−2	0
$\rightarrow y_1$	2	1	0	1	0	0	1	−
	−16	0	0	7	0	−6	4	
$\leftarrow x_1$	3	0	0	[2]	1	−1	1	1,5
$\rightarrow y_2$	0	0	1	−2	0	1	−2	−
y_1	2	1	0	1	0	0	1	2
	−26,5	0	0	0	−3,5	−2,5	0,5	
$\rightarrow y_3$	1,5	0	0	1	0,5	−0,5	0,5	3
y_2	3	0	1	0	1	0	−1	−
$\leftarrow y_1$	0,5	1	0	0	−0,5	0,5	[0,5]	1
	−27	−1	0	0	[−3	−3	0]	
y_3	1	−1	0	1	1	−1	0	
y_2	4	2	1	0	0	1	0	
$\rightarrow x_3$	0,5	1	0	0	−0,5	0,5	0,5	

$\frac{0}{2}$	$\frac{1}{2}$
$\frac{0}{1}$	$\frac{0}{1}$

Auswahlregel

Die Lösung lautet $x_1 = 3, x_2 = 3, x_3 = 0$ mit $Z_{min} = 27$.

4.2

1	1	−1	min
1	1	2	8
1	−1	4	10

dual ⟷

8	10	max
1	1	1
1	−1	1
2	4	−1

$$\begin{array}{ll} \text{I} & Z^* = 8y_1 + 10y_2 \rightarrow \max \\ \text{II} & y_1 + y_2 \leqslant 1 \\ & y_1 - y_2 \leqslant 1 \\ & 2y_1 + 4y_2 \leqslant -1 \\ \text{III} & y_1 \geqslant 0, y_2 \geqslant 0 \end{array}$$

Man betrachte die Hilfsaufgabe

$$\begin{array}{ll} \overline{\text{I}} & \overline{Z} = -x_4 \rightarrow \max \\ \overline{\text{II}} & y_1 + y_2 + x_1 = 1 \\ & y_1 - y_2 + x_2 = 1 \\ & -2y_1 - 4y_2 - x_3 + x_4 = 1 \\ \overline{\text{III}} & y_1 \geqslant, y_2 \geqslant 0, x_i \geqslant 0 \text{ für } i = 1, \ldots, 4 . \end{array}$$

		y_1	y_2	x_1	x_2	x_3	x_4
	0	0	0	0	0	0	−1
	1	−2	−4	0	0	−1	0
x_1	1	1	1	1	0	0	0
x_2	1	1	−1	0	1	0	0
x_4	1	−2	−4	0	0	−1	1

Da die optimale Lösung der Hilfsaufgabe einen negativen Z*-Wert liefert, besitzt die primale Aufgabe keine zulässige Lösung (Satz 5.2 des Abschnitts 4.5).

4.3 Die folgende Hilfstabelle entsteht aus dem ursprünglichen Schema durch Addition der Zahl 2 zu allen Auszahlungswerten.

2	1	3
3	2	1
1	3	2

		$\hat{y}_1$	$\hat{y}_2$	$\hat{y}_3$	$\hat{x}_1$	$\hat{x}_2$	$\hat{x}_3$
	0	1	1	1	0	0	0
$\hat{x}_1$	1	2	1	3	1	0	0
$\hat{x}_2$	1	$\boxed{3}$	2	1	0	1	0
$\hat{x}_3$	1	1	3	2	0	0	1
	$-\frac{1}{3}$	0	$\frac{1}{3}$	$\frac{2}{3}$	0	$-\frac{1}{3}$	0
$\hat{x}_1$	$\frac{1}{3}$	0	$-\frac{1}{3}$	$\boxed{\frac{7}{3}}$	1	$-\frac{2}{3}$	0
$\hat{y}_1$	$\frac{1}{3}$	1	$\frac{2}{3}$	$\frac{1}{3}$	0	$\frac{1}{3}$	0
$\hat{x}_3$	$\frac{2}{3}$	0	$\frac{7}{3}$	$\frac{5}{3}$	0	$-\frac{1}{3}$	1
	$-\frac{3}{7}$	0	$\frac{3}{7}$	0	$-\frac{2}{7}$	$-\frac{1}{7}$	0
$\hat{y}_3$	$\frac{1}{21}$	0	$-\frac{1}{21}$	$\frac{1}{3}$	$\frac{1}{7}$	$-\frac{2}{21}$	0
$\hat{y}_1$	$\frac{2}{7}$	1	$\frac{5}{7}$	0	$-\frac{1}{7}$	$\frac{3}{7}$	0
$\hat{x}_3$	$\frac{3}{7}$	0	$\boxed{\frac{18}{7}}$	0	$-\frac{5}{7}$	$\frac{1}{7}$	1
	$-\frac{1}{2}$	0	0	0	$-\frac{1}{6}$	$-\frac{1}{6}$	$-\frac{1}{6}$
$\hat{y}_3$	$\frac{1}{18}$	0	0	$\frac{1}{3}$	$\frac{7}{54}$	$-\frac{5}{54}$	$\frac{1}{54}$
$\hat{y}_1$	$\frac{1}{6}$	1	0	0	$\frac{1}{18}$	$\frac{7}{18}$	$-\frac{5}{18}$
$\hat{y}_2$	$\frac{1}{42}$	0	$\frac{1}{7}$	0	$-\frac{5}{126}$	$\frac{1}{126}$	$\frac{1}{18}$

Aus $\hat{y}_1 = \frac{1}{6}$, $\hat{y}_2 = \frac{1}{6}$, $\hat{y}_3 = \frac{1}{6}$ und $\frac{1}{w_{min}} = \frac{1}{2}$ folgen:
$y_1 = \frac{1}{6} \cdot 2 = \frac{1}{3}$, $y_2 = \frac{1}{6} \cdot 2 = \frac{1}{3}$, $y_3 = \frac{1}{6} \cdot 2 = \frac{1}{3}$.
Entsprechend ergibt sich aus $\hat{x}_1 = \frac{1}{6}$, $\hat{x}_2 = \frac{1}{6}$ und $\hat{x}_3 = \frac{1}{6}$ $x_1 = x_2 = x_3 = \frac{1}{3}$.

6. 3.1 Man betrachte die Hilfsaufgabe

I* $Z^* = -x_6 - x_7 \to \max$

II* $3x_1 + 3x_2 + x_3 - x_4 + x_6 = 1$
$5x_1 + 2x_2 - x_5 + x_7 = 1$

III* $x_i \geqslant 0$ für $i = 1, \ldots, 7$.

		x_1	x_2	x_3	x_4	x_5	x_6	x_7
BV	0	0	0	0	0	0	–1	–1
	2	8	5	1	–1	–1	0	0
x_6	1	3	3	1	–1	0	1	0
x_7	1	5	2	0	0	–1	0	1

α) Hilfstabelle:

	a_1	a_2	a_3	a_4	a_5	a_6	a_7
	3	3	1	–1	0	1	0
	5	2	0	0	–1	0	1
0	8	5	1	–1	–1	0	0
1	0	$\frac{9}{5}$	1	–1	$\frac{3}{5}$	0	$-\frac{8}{5}$
2	0	0	0	0	0	–1	–1

β) Grundtabelle:

		a_6	a_7	
BV	2	0	0	8
x_6	1	1	0	3
←x_7	1	0	1	$\boxed{5}$
	$\frac{2}{5}$	0	$-\frac{8}{5}$	$\frac{9}{5}$
←x_6	$\frac{2}{5}$	1	$-\frac{3}{5}$	$\boxed{\frac{9}{5}}$
→x_1	$\frac{1}{5}$	0	$\frac{1}{5}$	$\frac{2}{5}$
	0	–1	–1	
→x_2	$\frac{2}{9}$	$\frac{5}{9}$	$-\frac{1}{3}$	
x_1	$\frac{1}{9}$	$-\frac{2}{9}$	$\frac{1}{3}$	

Hiermit ist die Hilfsaufgabe gelöst. Nun muß die Zielfunktion Z der primalen Aufgabe nur durch die Nichtbasisvariablen x_3, x_4, x_5 ausgedrückt werden.

		x_1	x_2	x_3	x_4	x_5
	0	–10	–7	–2	0	0
	$\frac{8}{3}$	0	0	$-\frac{1}{3}$	$-\frac{5}{3}$	–1
x_2	$\frac{2}{9}$	0	1	$\frac{5}{9}$	$-\frac{5}{9}$	$\frac{1}{3}$
x_1	$\frac{1}{9}$	1	0	$-\frac{2}{9}$	$\frac{2}{9}$	$-\frac{1}{3}$

Diese Tabelle liefert schon die optimale Basislösung. Sie lautet:

$x_1 = \frac{1}{9}$, $x_2 = \frac{2}{9}$, $x_3 = 0$, $x_4 = 0$, $x_5 = 0$.

3.2

		x_1	x_2	x_3	x_4	x_5	x_6
BV	0	0	0	0	0	−1	−1
	17	3	4	−1	−1	0	0
x_5	8	2	1	−1	0	1	0
x_6	9	1	3	0	−1	0	1

α) Hilfstabelle:

	a_1	a_2	a_3	a_4	a_5	a_6
	2	1	−1	0	1	0
	1	3	0	−1	0	1
0	3	4	−1	−1	0	0
1	$\frac{5}{3}$	0	−1	$\frac{1}{3}$	0	$-\frac{4}{3}$
2	0	0	0	0	−1	−1

β) Grundtabelle:

		a_5	a_6	
BV	17	0	0	4
x_5	8	1	0	1
← x_6	9	0	1	[3]
	5	0	$-\frac{4}{3}$	$\frac{5}{3}$
← x_5	5	1	$-\frac{1}{3}$	[$\frac{5}{3}$]
→ x_2	3	0	$\frac{1}{3}$	$\frac{1}{3}$
	0	−1	−1	
→ x_1	3	$\frac{3}{5}$	$-\frac{1}{5}$	
x_2	2	$-\frac{1}{5}$	$\frac{2}{5}$	

Die optimale Lösung lautet: $x_1 = 3, x_2 = 2, x_3 = 0, x_4 = 0, x_5 = 0, x_6 = 0$ mit $Z_{max} = 0$.

7 10.1

u_i \ v_k	0	2	0	2
0	[3] –	[4] –	[1] –	[2] 15
1	[2] –	[3] $10+\vartheta_1$	[1] $30-\vartheta_1$	[3] 15
−1	[4] –	[2] –	[3] –	[1] 10
2	[2] 10	[4] $10-\vartheta_1$	[2] 0 ϑ_1	[0] 0

Die erste zulässige Basislösung ist bereits optimal. Da die zwei fiktiven Bewertungszahlen $\bar{c}_{43}$ und $\bar{c}_{44}$ verschwinden, gibt es zwei weitere optimale zulässige Basislösungen.

$\vartheta_1 = 10$ ergibt:

u_i \ v_k	0	2	0	2
0	[3] –	[4] –	[1] –	[2] 15
1	[2] –	[3] 20	[1] $20+\vartheta_2$	[3] $15-\vartheta_2$
−1	[4] –	[2] –	[3] –	[1] 10
2	[2] 10	[4] 0	[2] $10-\vartheta_2$	[4] 0 ϑ_2

$\vartheta_2 = 10$ ergibt.

u_i \ v_k	0	2	0	2
0	3 –	4 –	1 –	2 15
1	2 –	3 20	1 30	3 5
–1	4 –	2 –	3 –	1 10
2	2 10	4 0	2 0	4 10

10.2 Mit a_{ik} bezeichnen wir den Spaltenvektor, dessen i-te und (m + k)te Komponente den Wert 1 hat. Da die Menge der ausgewählten Vektoren – wir nennen sie M – linear abhängige Vektoren enthält, gibt es eine Linearkombination, in der nicht alle Koeffizienten verschwinden und die den Nullvektor darstellt. Wir betrachten nun die Menge der Vektoren, deren Koeffizient in der Linearkombination ungleich Null ist. Als Teilmenge von M ist auch diese Menge M_1 endlich. Der Vektor $a_{i_1 k_1}$ sei ein Element von M_1. Da eine Linearkombination der Vektoren von M_1 den Nullvektor liefert, muß es in M_1 einen Vektor $a_{i_2 k_1}$ geben, dessen $(m + k_1)$-te Komponente ebenfalls Eins ist. Andernfalls könnte die $(m + k_1)$-te Komponente des Summenvektors nicht Null sein. Die i_2-te Komponente des Vektors $a_{i_2 k_1}$ ist Eins. Folglich muß M_1 noch wenigstens einen Vektor $a_{i_2 k_2}$ besitzen. Setzen wir dieses Verfahren fort, dann gelangen wir zu einer endlichen Vektorenfolge

$$a_{i_1 k_1}, a_{i_2 k_1}, a_{i_2 k_2}, a_{i_3 k_2}, \ldots, a_{i_l k_l}, a_{i_1 k_l} .$$

Die diesen Vektoren entsprechende Felderkombination

$$i_1 k_1 , i_2 k_1 , i_2 k_2 , i_3 k_2 , \ldots ; i_l k_l ; i_1 k_l$$

bildet eine geschlossene Kette, was zu zeigen war.

Der Leser kann noch leicht beweisen: Ist die Zellenkombination zyklisch, sind die zugehörigen Spaltenvektoren aus (1.2) des Abschnitts 7.1 linear abhängig.

Hieraus folgt sofort, daß m + n besetzte Felder in der Transporttabelle eine geschlossene Kette aufweisen müssen, da der Rang von A (1.2) des Abschnitts 7.1 m + n – 1 ist. Nimmt man also zu m + n – 1 Basisvariablen noch eine Variable hinzu, muß diese in der abgeschlossenen Kette liegen. Hiervon machen wir beim Variablenaustausch Gebrauch.

10.3 Sämtliche Potentiale lassen sich als Differenzen ganzer Zahlen berechnen.

10.4 Es gibt drei zulässige optimale Basislösungen. Die dritte unterscheidet sich von der ersten dadurch, daß x_{31} Nichtbasisvariable und $x_{42} = 0$ Basisvariable ist.

	B_1	B_2	B_3
A_1			5
A_2			15
A_3	0	20	10
S	10		

	B_1	B_2	B_3
A_1			5
A_2			15
A_3	10	10	10
S		10	

10.5 Die optimalen Lösungen heißen: (Person 1 wird durch 1, Person 2 durch 2 usw. abgekürzt)

	Arbeit I	Arbeit II	Arbeit III	Arbeit IV	Arbeit V	Arbeit VI	Arbeit VII
1. Lösung	6	5	2	3	1	4	7
2. Lösung	6	5	1	3	2	4	7
3. Lösung	1	5	4	3	2	6	7
4. Lösung	6	5	7	3	1	4	2
5. Lösung	1	5	7	3	2	6	4

Verwendete Literatur

Beale: Cycling in the dual simplex algorithm. Naval. Res. Logist. Quart. **2,** 269-276 (1955).

Charnes: Optimality and degeneracy in linear programming. Econometrica **20,** 160-170 (1952)

Dantzig: Lineare Programmierung und Erweiterungen, Verlag Springer, Berlin, Heidelberg, New York (1966).

Ferschl: Die Simplex-Methode zur Lösung linearer Programme. Aufsatz in: Anwendungen der Matrizenrechnung auf wirtschaftliche und statistische Probleme, Physica-Verlag Würzburg (1959).

Judin, Golstein: Lineare Optimierung I, Akademie-Verlag Berlin (1968).

Krelle, Künzi: Lineare Programmierung, Verlag Industrielle Organisation Zürich (1958).

Wetzel: Theoretische Grundlagen des linearen Programmierens, der Einsatz-Ausstoß-Analyse und der Spieltheorie. Aufsatz in: Anwendungen der Matrizenrechnung auf wirtschaftliche und statistische Probleme, Physica-Verlag Würzburg (1959).

Sachregister

» **Operations Research**

von Peter Stahlknecht: Mit 38 Abb. und 110 Tabellen. 2. vollständig überarbeitete und erweiterte Aufl. – Braunschweig: Vieweg 1970. XI, 355 Seiten. DIN C 5 (Schriften zur Datenverarbeitung. Bd. 3.) gbd. 68,– DM

ISBN 3 528 09611 X

Inhalt: *Was ist Operations Research? – Input/Output-Modelle – Lineare Optimierung – Transport- und Zuordnungsprobleme – Nichtlineare Optimierung – Dynamische Optimierung – Simulationsmethoden -Reihenfolgeprobleme – Warteschlangenprobleme – Lagerhaltung – Erneuerung und Instandhaltung – Netzplantechnik.*

Der Autor hat sich zum Ziel gesetzt, in einer Sammlung von Beispielen, Fallstudien und Erfahrungsberichten die Fragen der praktischen Anwendung des Operations Research darzustellen. Im Rahmen dieser Zielsetzung wird weniger Gewicht darauf gelegt, zu zeigen, welche Aufgaben man mit Hilfe des Operations Research bearbeiten könnte; es wird vielmehr darüber berichtet, wo diese Technik bereits erfolgreich eingesetzt und wo ihr Einsatz unzweckmäßig oder unwirtschaftlich ist. Darüber hinaus gibt das Buch eine kritische Einschätzung der Stellung des Operations Research zur Betriebswirtschaft und zu anderen Fachgebieten.

» **vieweg**